U0729179

数码摄影

修饰技巧

DIGITAL PHOTOGRAPHY
BEAUTIFICATION SKILL

安小龙 著

图书在版编目(CIP)数据

数码摄影修饰技巧 / 安小龙著. —北京：中国摄影出版社，2008.3

ISBN 978-7-80236-217-8

Ⅰ. 数… Ⅱ. 安… Ⅲ. 数字照相机－图像处理 Ⅳ. TP391.41

中国版本图书馆 CIP 数据核字（2008）第 027214 号

责任编辑：魏长水　陈凯辉
装帧设计：新知互动

书　　名：数码摄影修饰技巧
作　　者：安小龙
出版发行：中国摄影出版社
　　　　　地址：北京东单红星胡同 61 号　邮编：100005
　　　　　发行部：010-65136125　65280977
　　　　　网址：www.cpgph.com
　　　　　邮箱：sywsgs@cpgph.com
印　　刷：北京君升印刷有限公司
开　　本：889mm × 1194mm　1/24
印　　张：8.5
版　　次：2008 年 5 月第 1 版
印　　次：2008 年 5 月第 1 次印刷
印　　数：1-5000 册
ISBN　978-7-80236-217-8
定　　价：48.00 元

前　言

时代在发展，人们对数码摄影这项技术已不再陌生。它反映了时代科技水平的进步，也表达了生活中人们对真善美的追求。很多初学摄影者往往将精力更多地放在摄影经验的积累上，而实际拍出的照片又不尽如人意，这时候，数码照片后期修饰技术，就成为摄影者和设计师必须具备的一项能力。只有这样，我们才能对自己的摄影作品充分负起责任来。

故此，我们精心编写了这本《数码摄影修饰技巧》，来解决广大初学者完善照片效果和应用领域中的难题。

本书通过 70 个实例，由浅入深地讲解了各类题材照片修饰的思路、方法和流程。共分为数码照片基础处理篇、人物照片修饰篇、数码照片特效篇和数码个性应用篇几个部分。文字通俗易懂，步骤解说详细，适合广大初学者学习。同时本书所选照片素材皆源于生活，是摄影师多年拍摄经验的结晶。通过学习本书，读者还将对 Photoshop 这个功能强大的图像处理软件有更深入的认识和掌握，不断强化自己的软件实操技能。

本书作者已出版了多部数码技术方面的专著，此次又毫无保留地将自己掌握的技术窍门结集汇总。请读者细心品味，跟踪步骤，去感受一张张普普通通的相片由简单到令人感动的过程吧。

由于写作时间有限，书中难免存在错误或疏漏之处，希望广大读者给予批评和指正。

编　者
2008 年 5 月

目　　录

第 1 篇　数码照片基本处理篇

01　改变照片的大小 ……………………………… 2

02　旋转照片 ……………………………………… 3

03　彩色照片转换为黑白照片 …………………… 5

04　为照片添加蓝天白云效果 …………………… 7

05　去除照片中的多余人物 ……………………… 8

06　调整失真照片 ………………………………… 11

07　调整灰蒙蒙的照片 …………………………… 13

08　调整偏色的照片 ……………………………… 15

09　更换照片的背景（5 种）…………………… 17

第 2 篇　人物照片修饰篇

01　调整曝光不足的照片 ………………………… 24

02　调整曝光过度的照片 ………………………… 26

03　调整人物暗部的亮度 ………………………… 28

04　去除痘痘 ……………………………………… 31

05　去除雀斑 ……………………………………… 33

06　调整模糊照片 ………………………………… 35

07　调整锐化的照片 ……………………………… 37

08　修改闭眼的照片 ……………………………… 40

09　使照片的颜色更加鲜艳 ……………………… 43

10　明亮眼睛 ……………………………………… 45

数码摄影修饰技巧

Contents

11 美白牙齿 48

12 去除黑眼圈 50

13 改变衣服的颜色 52

14 去除阴影 54

15 黑白照片转为彩色照片 58

16 添加人物纹身效果 61

17 挑染头发效果 64

18 使人物皮肤变白 66

19 只保留照片中的一种色彩 68

20 修饰人物的身材 71

21 去除照片中人物的红眼 73

第3篇 数码照片特效篇

01 为照片添加下雪效果 76

02 为照片添加下雨效果 78

03 为照片添加下雾效果 80

04 夏天变秋天的制作效果 81

05 添加烟火效果 83

06 室外照变室内照 85

07 抽象漫画效果的制作 87

08 制作插画效果 89

09 制作速绘效果 91

10 制作水彩效果 92

11 制作动感背景效果 95

12 制作水墨画效果 96

Digital Photography

目 录

13 制作水面倒影效果 99
14 制作日落色调效果 102
15 制作反转片效果 105
16 制作木版画效果 108
17 人物线描彩绘效果 112
18 制作自己的肖像喷绘 115
19 制作彩虹效果 118

第 4 篇 数码个性应用篇

01 制作自己的肖像邮票 122
02 普通照片制作证件照 125
03 制作大头贴照片 128
04 制作条纹效果的照片 130
05 利用数码照片制作名片 135
06 制作立体背景效果 138
07 制作电影海报效果 140
08 制作广告效果 146
09 制作烧焦的效果 152
10 制作梦幻背景效果 156
11 制作日历效果 166
12 制作文字内镶图像的效果 175
13 制作杂志封面效果 183
14 制作个人主页的技法 187

Part 01

数码照片基本处理篇

01 改变照片的大小

02 旋转照片

03 彩色照片转换为黑白照片

04 为照片添加蓝天白云效果

05 调整失真照片

06 调整灰蒙蒙的照片

07 调整偏色的照片

08 更换照片的背景（5 种）

01 改变照片的大小

本例用到了工具箱中的"裁切工具"，将照片中多余的部分进行裁切，使照片主体突出、简洁明了，从而得到一幅更大的照片。

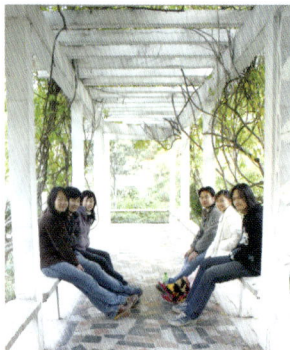

▲ 处理前

▲ 处理后

①　在拍摄照片的时候，往往因为各种原因导致画面构图的不美观，照片很难有满意的效果。我们可以通过如何改变照片的大小来解决这一问题。打开 Photoshop 软件，执行[文件/打开]命令，打开图片，如图 1-1 所示。

②　选择"裁切工具"⛏，用鼠标单击即可，将鼠标移到照片上，然后按住鼠标的左键在照片上由左上方向右下方拖曳，放开鼠标后照片上会出现带有8个控制点的调整框，接着用鼠标调整控制点为最佳状态，若此时将鼠标放在调整框内并按住后拖动，可以移动整个调整框，调整裁切框如图 1-2 所示。

▲ 图 1-1

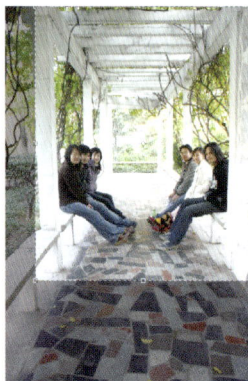

▲ 图 1-2

3 在调整框调节完毕后，按"Enter"键确定，完成裁切图片，也可以用鼠标双击调整框完成裁切图片命令。使用"裁切工具"裁切的最终效果如图 1-3 所示。

02 旋转照片

本例照片给人一种不稳定感觉，可将其进行旋转，调正照片。

1 照片中的背景地平线是倾斜的，给人一种不稳的感觉。使用 Photoshop 软件，执行[文件/打开]命令或按[Ctrl+D]键，单击文件名称，打开所需要的图片。如图 2-1 所示。

2 在工具箱中选择"度量工具"，并在倾斜的照片中沿草坪地面的位置拉出水平度量线，度量工具在图片上的使用如图 2-2 所示。

▲图2-1

▲图2-2

3 按度量线旋转画布,执行[图像/旋转画布/任意角度]命令,弹出"旋转画布"对话框,弹出的对话框中已经依据"测量工具"测量好的数据自动填写好了所需的角度,按"确定"按钮。"旋转画布"对话框设置如图2-3所示,执行"旋转画布"命令后效果如图2-4。

旋转画布

角度(A): 10.75   ○ 度(顺时针)(C)   确定
              ⊙ 度(逆时针)(W)   取消

▲图2-3

▲图2-4

4 裁切图片。选择工具箱中的"裁切工具"，在图片中选择合适的区域进行框选,框选后的图片框选区域以外都会被透明的黑色覆盖,把鼠标放在边框边缘时,鼠标箭头变为双向的箭头,这时拖动箭头,使框选区域缩小,调整好后按"Enter"键确定。使用裁切图片如图2-5所示,最终效果如图2-6所示。

▲ 图 2-5

▲ 图 2-6

03 彩色照片转为黑白照片

本例将使用Photoshop CS3把带有色彩的照片变为黑白照。简单的操作并不能把一张生活照变为艺术照，但它能为照片增加一种原来没有的独特韵味。

▲ 完成前

▲ 效果图

① 打开一张彩色照片。以下我们将介绍两种彩色照片转换为黑白照片的方法，首先打开要转换的图片，执行[文件/打开]命令，在文件中选择图片，单击"确定"按钮，或按[Ctrl+O]组合键，打开照片如图3-1所示。

2 通过将照片转换为灰度模式的方法来实现黑白效果。执行[图像/模式/灰度]命令，在弹出的对话框中单击"确定"按钮，如图3-2所示。这时，彩色照片将会转换为黑白模式，如图3-3所示。

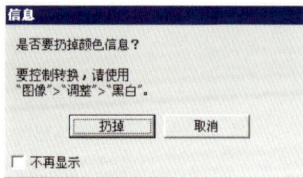

▲ 图 3-1　　　　　　　　　　▲ 图 3-2　　　　　　　　　　▲ 图 3-3

3 通过去色命令实现彩色照片向黑白照片的转换。执行[图像/调整/去色]命令，效果如图3-4所示。或者按[Shift+Ctrl+U]组合键，给照片去色，也可以轻松地将彩色照片转换为黑白照片，如图3-5所示。

▲ 图 3-4　　　　　　　　　　　　▲ 图 3-5

04 为照片添加蓝天白云效果

外出拍摄时，由于时间、天气、地点的原因，经常无法拍到美丽的蓝天白云背景。后期的制作将为你解决这一难题。

▲ 处理前

▲ 处理后

1 打开照片。执行[文件/打开]命令，选择需要添加蓝天白云的照片文件，以及有蓝天白云的图片素材，单击"打开"按钮，如图 4-1，4-2 所示。

▲ 图 4-1

▲ 图 4-2

2 将两张照片拖曳到一个文档中，如图 4-3 所示。选择蓝天图片的图层，单击"添加图层蒙版"按钮，选择"画笔工具"，在工具选项栏中调整合适大小的画笔，在不需要蓝天的地方涂抹，最终效果如图 4-4 所示。

▲图 4-3

▲图 4-4

05 去除照片中的多余人物

我们拍出来的照片常常会有一处或多处地方与整体照片不协调，影响了照片主题的表现。本例要去掉照片中多余的人物，用工具箱中的"仿制图章工具"来实现。

▲处理前

▲处理后

❶ 在人物的合影中，难免会有其他人物进入镜头，这样就影响了整个画面的美感。执行[文件/打开]命令，打开图片如图 5-1 所示。

❷ 创建背景图层副本。选择"图层"面板下方的"创建新的图层"按钮 ⬛，将背景图层拖动到此按钮上，进行背景图层的复制。创建背景副本图层后，图层面板如图 5-2 所示。

▲图 5-1

▲图 5-2

3 打开新的图片。执行[文件 / 打开]命令，打开新的图片。这张新的图片是为了替换原有图片的背景。将该图片用鼠标直接拖到背景副本图层上，系统会自动生成新的"图层1"。打开图片如图5-3所示，"图层"面板如图5-4所示。

▲图 5-3

▲图 5-4

4 给"图层1"添加图层蒙版。选择"图层"面板下方的"添加图层蒙版"按钮 ◻，为"图层1"添加一个蒙版，设置前景色为黑色，选择工具箱中的"画笔工具" ✎，在工具选项栏中设置适当的画笔大小和笔压，对画面进行涂抹。在蒙版状态下，选择黑色为前景色时，当画笔进行涂抹时会露出下面图层的图像。添加图层蒙版后"图层"面板如图5-5所示，图像经过图层蒙版涂抹后效果如图5-6所示。

▲ 图 5-5

▲ 图 5-6

5 消除图像中的杂物。选择工具箱中的"仿制图章工具"，对图像中的多余杂物进行涂抹，同时按住[Alt]键和鼠标左键对图像进行选取，然后对多余的杂物进行涂抹。经过涂抹后图像左边的路牌已经不见了。修改后的效果如图 5-7 所示。

6 消除图像中的树木。选择工具箱中的"仿制图章工具"，对墙面的图像进行选取，同时按下[Alt]键和鼠标左键对图像进行替换，对要消除的多余树木进行涂抹。经过涂抹后的效果如图5-8所示。

▲ 图 5-7

▲ 图 5-8

7 消除图片中的多余人物。消除照片中的人物，和消除照片中的杂物一样，也是选择工具箱中的"仿制图章工具"，同时按下[Alt]键和鼠标左键，选取图像后对其进行涂抹。消除人物后的图像效果如图5-9所示。

8 对天空的调整。选择天空所在的"图层 1"，执行[图像／调整／自动色阶]命令，再执行[图像／调整／自动颜色]命令，调整天空的效果，使天空和画面结合得更自然。图像的最终效果如图5-10所示。

▲图 5-9

▲图 5-10

06 调整失真照片

照片中的房子让人看上去感觉要倒是的，现在不用担心了，我们可以应用变换命令来进行调整。

▲处理前

▲处理后

1 如果照片是用广角镜头拍摄的，变形问题对人物不太明显，但对建筑物来说，这个问题就比较突出了。执行[文件/打开]命令，打开文件，图像如图 6-1 所示。

2 创建背景副本图层。选择"图层"面板下方的"创建新图层"按钮 🔲，将背景图层拖动到此按钮上，创建一个"背景副本"图层，方便下一步的操作。"图层"面板如图 6-2 所示。

▲ 图 6-1

▲ 图 6-2

3 对图像应用"自由变换"命令。执行[编辑/自由变换]命令,图像的周围会出现八个控制点,由这八个控制点组成了自由变换框。出现自由变换框后,图像如图6-3所示。

4 调整图像大小。按住键盘上的[Ctrl]键,用鼠标拖动自由变换框左上角的控制点,向里拖动。看图像的变化,满意后按"Enter"键确定。图像效果如图6-4所示。

▲ 图 6-3

▲ 图 6-4

5 继续调整自由转换框。按住键盘上的[Ctrl]键,用鼠标按住自由变换框右上角的控制点,同样向里拖动。看图像的变化,满意后按"Enter"键确定。图像效果如图6-5所示。

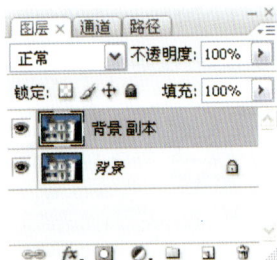

6 最终效果。经过这样的处理后,图像基本恢复正常,最终效果如图6-6所示。

▲图 6-5

▲图 6-6

07 调整灰蒙蒙的照片

处理灰蒙蒙的照片有多种方法，本例是用色阶、亮度／对比度、色相／饱和度来对灰蒙蒙的照片进行处理。

▲处理前

▲处理后

1 拍摄照片时，往往因为综合因素的影响，使相当一部分图片发灰，该亮的地方不亮，该暗的地方又暗不下去。图片看上去灰蒙蒙的。执行[文件／打开]命令，打开的图像如图7-1所示。

2 创建"背景副本"图层。选择"图层"面板下方的"创建新图层"按钮，将"背景"图层拖动到此按钮上，进行背景图层的复制。创建"背景副本"图层后，"图层"面板如图7-2所示。

▲图7-1

▲图7-2

③ 调整色阶。执行[图像/调整/色阶]命令，在弹出的"色阶"对话框中填写数值，或者用鼠标拖动滑块，调节图像的明暗，勾选"预览"复选项，直至得到满意的效果后单击"确定"按钮。"色阶"对话框设置如图7-3所示。图像调整色阶后如图7-4所示。

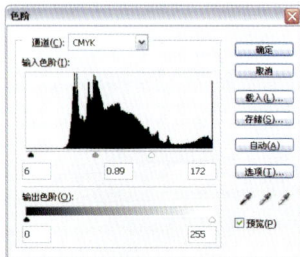

▲图7-3

▲图7-4

④ 调整亮度/对比度。执行[图像/调整/亮度/对比度]命令，在弹出的对话框中设置数值，或者用鼠标拖动"亮度"和"对比度"下面的滑块，调节图像，勾选"预览"复选框，将图像调节至满意后单击"确定"按钮。"亮度/对比度"对话框设置如图7-5所示，图像调整后效果如图7-6所示。

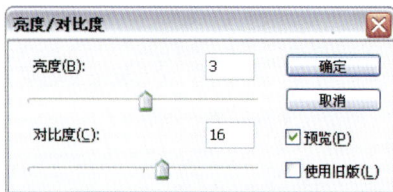

▲图7-5

▲图7-6

5 调整色相/饱和度。执行[图像/调整/色相/饱和度]命令，在弹出的对话框中设置数值，或者用鼠标移动滑块，调整图像的色相/饱和度，勾选"预览"复选框，调节到满意的效果后单击"确定"按钮。"色相/饱和度"对话框如图 7-7 所示，最终效果如图 7-8 所示。

▲图 7-7

▲图 7-8

08 调整偏色的照片

在拍照的过程中，由于客观环境的限制，或者由于被拍人物的个人原因，拍出来的人物照片往往带有偏色，本例就讲解怎样对偏色的照片进行调整。

▲ 处理前

▲ 处理后

1 数码相机对于色彩的还原还是令人满意的，但是在拍摄照片的时候，由于各种原因和条件的限制，还会出现照片偏色的现象，我们来看一下如何调整偏色的照片。执行[文件/打开]命令打开图片，如图 8-1 所示。

2 创建"背景副本"图层。选择"图层"面板下方的"创建新图层"按钮🔲，创建"背景副本"图层，此时的"图层"面板如图8-2所示。

▲ 图 8-1

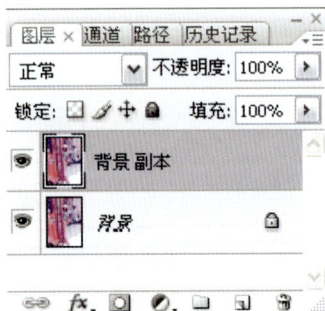

▲ 图 8-2

3 创建新的填充或调整图层。选择"图层"面板下方的"创建新的填充或调整图层"按钮🔘，在下拉菜单中选择"曲线"命令，在弹出的对话框中选择对灰场吸管。用吸管吸取画面中的固有色为无彩色的点，例如最深的黑色、白色的衣服、灰色的水泥地。此时的"曲线"对话框设置如图8-3所示，调整曲线后效果如图8-4所示。

4 再次调整图片。再次使用灰场吸管点击画面，直到画面令人满意为止。最终效果如图8-5所示。

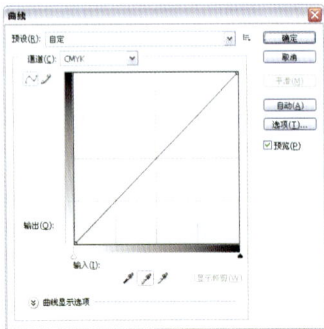

▲ 图 8-3

▲ 图 8-4

▲ 图 8-5

09 更换照片的背景

本例讲解了五种去背景的方法。这五种方法看上去都很简单，但是，你要是不细心的话，去背景的方法就不是很容易的事了。

▲ 处理前

▲ 处理后

（一） 魔棒去背法

1 在 Photoshop 中有很多种更换照片背景的方法，这里我们介绍四种更换背景的方法。首先利用"魔棒工具"去掉照片中的背景，打开照片文档。执行[文件/打开]命令。在弹出的"打开"对话框中，选择需要修改的照片，单击"打开"按钮，如图 9-1 和图 9-2 所示。

▲ 图 9-1

▲ 图 9-2

2 将两张照片拖曳到同一个文档中。执行[编辑/自由变换]命令，或按[Ctrl + T]组合键，调整图片的大小，如图 9-3 所示。选择"魔棒工具"，并在选项栏中单击"添加到选区"按钮，将"容差"设置为 50，这样可以把一些临近的色彩也包括在内，用鼠标在图像人物背景上单击，如图 9-4 所示。

▲图9-3

▲图9-4

3 如上图所示，大部分的背景将被选中，按[Delete]键删除背景，如图9-5所示，调整人物大小与画面的比例关系，以及色彩搭配，最终效果如图9-6所示。

▲图9-5

▲图9-6

（二）蒙版去背法

4 打开照片文档。执行[文件/打开]命令，选择需要去掉背景的照片以及采用的背景照片，单击"打开"按钮，如图9-7和图9-8所示。

▲图9-7

▲图9-8

5 将两张照片拖曳到同一个文档中,执行[编辑/自由变换]命令,或按[Ctrl+T]组合键,调整图像的大小,如图9-9所示。选择人物图层,执行[图层/添加图层蒙板/显示全部]命令,单击"画笔工具",调整设置合适的画笔大小,再沿人物周围的区域进行涂抹,如图9-10所示。

▲ 图9-9

▲ 图9-10

(三)选区去背法

6 打开照片文档。执行[文件/打开]命令,选择需要去掉背景的照片以及采用的背景照片,单击"打开"按钮,如图9-11所示。

7 选择工具箱中的"磁性套索工具"。为了使选区看上去更自然,可以先执行"羽化"命令,在弹出的"羽化选区"对话框中进行设置。然后沿人物的边缘进行描绘,只要在起始点单击鼠标就可以直接沿着边缘描绘,如图9-12所示,双击鼠标就可以封闭选区,如图9-13所示。

▲ 图9-11

▲ 图9-12

▲ 图9-13

8 执行[选择/反选]命令，将选区反选，按下[Delete]键将选区内的图像删除，得到的图像效果如图9-14所示。

▲图9-14

（四）钢笔工具去背法

9 打开照片文档。执行[文件/打开]命令，选择需要去掉背景的照片以及采用的背景照片，单击"打开"按钮，如图9-15所示。选择"钢笔工具"，按人物轮廓单击勾画，按[Alt]键取消节点，如图9-16所示。

▲图9-15

▲图9-16

10 选择"路径"面板，单击"将路径作为选区载入"按钮，路径将被载入选区，如图9-17所示。

11 将背景图案删除。执行[选择/反选]命令，或按[Ctrl+T]组合键将选区反选，按[Delete]键删除选区，最终效果如图9-18所示。

▲图9-17

▲图9-18

（五）抽出去背法

12 打开照片文档。执行[文件/打开]命令，选择需要去掉背景的照片以及采用的背景照片，单击"打开"按钮，如图9-19所示。执行[滤镜/抽出]命令或按[Alt+Ctrl+X]快捷键，弹出"抽出"对话框，选择对话框中的 ⁄ 按钮，将人物边缘进行勾选，如图9-20所示。

▲图9-19

▲图9-20

13 接着上步操作，将勾选好的人物进行颜色填充，效果如图9-21所示。

14 填充颜色后，在对话框中单击"确定"按钮，人物就很轻松地被勾选了，如图9-22所示。

▲图9-21

▲图9-22

15 将勾选后的人物换上背景，在工具箱中用"移动工具"将人物拖曳到自己满意的背景，得到效果如图9-23所示。

▲图9-23

Part 02

人物照片修饰篇

01 调整曝光不足的照片
02 调整曝光过度的照片
03 调整人物暗部的亮度
04 去除痘痘
05 去除雀斑
06 调整模糊照片
07 调整锐化的照片
08 修改闭眼的照片
09 使照片的颜色更加鲜艳
10 明亮眼睛

11 美白牙齿
12 去除黑眼圈
13 改变衣服的颜色
14 去除阴影
15 黑白照片转为彩色照片
16 添加人物纹身效果
17 挑染头发效果
18 使人物皮肤变白
19 只保留照片中的一种色彩
20 修饰人物的身材

01 调整曝光不足的照片

我们经常会拍到一些曝光不足的照片，本例就是对曝光不足的照片进行调整。主要用"色阶"、"亮度／对比度"等工具进行处理，从而得到一幅满意的作品。

▲ 处理前   ▲ 处理后

① 在拍摄照片的时候，会因为天气原因或室内光线的影响，使相片很暗，人物和景物不清晰。我们来对曝光不足的照片进行调整。打开 Photoshop 软件，执行[文件/打开]命令，打开图片，如图 1-1 所示。

② 调整色阶。执行[图像/调整/色阶]命令，在弹出的对话框中填写数值，或者用鼠标拖动滑块，调整色阶，然后单击"确定"按钮。经过这个步骤后，图片有了些许变化。对话框数值设置如图 1-2 所示，图片调整后效果如图 1-3 所示。

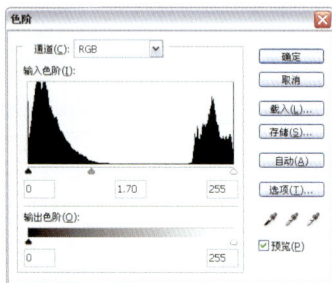

▲ 图 1-1   ▲ 图 1-2   ▲ 图 1-3

3 调整曲线。执行[图像/调整/曲线]命令，在弹出的对话框中填写设置数值，或者是用鼠标滑动曲线，看图像得到满意的效果后，单击"确定"按钮。"曲线"对话框调整如图1-4所示，图像调整后效果如图1-5所示。

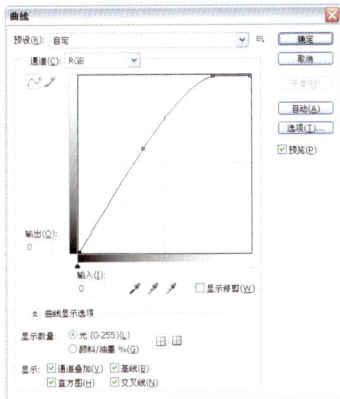

▲图1-4

▲图1-5

4 亮度与对比度的调整。执行[图像]/[调整]/[亮度/对比度]命令，在弹出的对话框中填写数值，或者用鼠标拖动滑块，勾选"预览"复选项，看到图像得到满意的效果后单击"确定"按钮。对话框设置如图1-6所示，调整亮度/对比度后效果如图1-7所示。

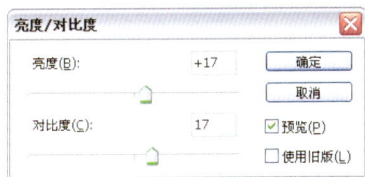

▲图1-6

▲图1-7

02 调整曝光过度的照片

整体曝光过度的照片看上去一片白，非常晃眼，本例是讲解如何修补曝光过度的照片。

▲处理前 ▲处理后

1 曝光过度可能是很多初学摄影的朋友经常遇见的问题，本来一张很好的照片就这样报废了，其实通过 Photoshop 能够轻易地修补这些照片的小瑕疵。执行[文件/打开]命令，打开一张曝光过度的图片，如图 2-1 所示。

2 创建背景图层副本。选择"图层"面板底部的"创建新图层"按钮 ，创建一个"背景副本"图层，"图层"面板如图 2-2 所示。

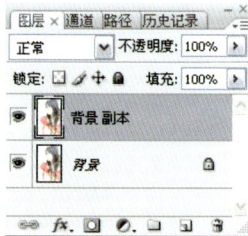

▲图 2-1

▲图 2-2

③ 调整曲线。选择创建的"背景副本"图层，执行[图像／调整／曲线]命令，在弹出的对话框中填写数值，或用鼠标拖动曲线上的滑块，勾选"预览"复选项，看到图像有了满意的效果后单击"确定"按钮。"曲线"对话框设置如图2-3所示，调整图像效果后如图2-4所示。

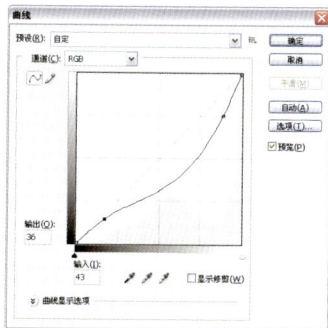

▲图2-3

▲图2-4

④ 打开"通道"面板。在执行"曲线"命令后，切换到"通道"面板，选择RGB通道，用鼠标点击RGB通道的同时按Ctrl键，得到单击选区。通道面板如图2-5，得到选区如图2-6所示。

⑤ 切换到图层面板创建蒙版。切换到"图层"面板后，在"通道"面板得到的选区还在，用鼠标单击"图层"面板底部的"添加图层蒙版"按钮 ，看到"背景副本"图层的缩略图后面出现了灰度的图层蒙版。图层面板如图2-7所示。

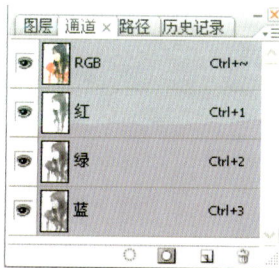

▲图2-5

▲图2-6

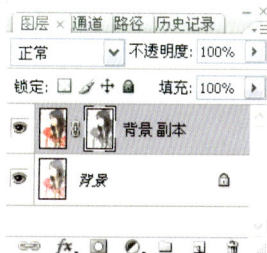

▲图2-7

6 图像调整。现在的蒙版将曝光过度的部分留下了，正好与实际需要相反。按[Ctrl+I]组合键，将图层蒙版的灰度做一个反相。这样遮挡的效果就对了，如果觉得效果不明显，可以反复执行这个命令。图像做完反相后，如图 2-8 所示。

7 调整色阶。执行[图像 / 调整 / 色阶]命令，在弹出的对话框中设置数值，或用鼠标拖动滑块，得到满意的效果后单击"确定"按钮。色阶对话框调整如图 2-9 所示，调整后图像如图 2-10 所示。

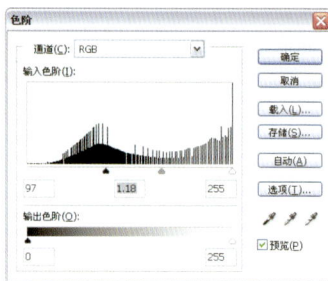

▲图 2-8　　　　　▲图 2-9　　　　　▲图 2-10

03 调整人物暗部的亮度

　　在拍照时，由于光线的原因，人物脸部常常偏暗。本例教你如何将人物暗部变亮。主要用"色阶"工具来调整人物脸部的亮度。

▲处理前　　　　　▲处理后

1 打开图片。在拍摄的图片中，会有这种情况出现，背景的景物很清晰，而人物却逆光，造成很大的反差。对这样的图片要根据人物和背景进行分别处理。打开图片如图 3-1 所示。

2 创建"背景副本"图层。选择"图层"面板底部的"创建新图层"按钮 🖿，把背景图层拖到这个按钮上，创建一个"背景副本"图层。图层面板如图 3-2。

▲ 图 3-1

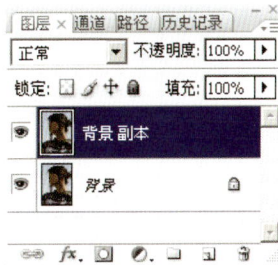
▲ 图 3-2

3 隐藏"背景副本"图层。选定"图层"面板，选择"背景"图层，单击"背景副本"图层前面的指示图层可视性图标 👁，使背景图层副本不显示。"图层"面板如图 3-3 所示。

4 调整"背景"图层的色阶。选择"背景"图层，在这一层要强调背景的建筑物，选择背景图层执行 [图像/调整/色阶] 命令，在弹出的对话框中设置数值，或用鼠标拖动滑块，勾选预览选项，得到满意的效果后单击"确定"按钮。"色阶"对话框设置如图 3-4 所示，调整色阶后图像如图 3-5 所示。

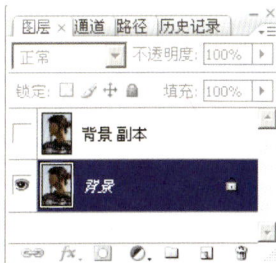
▲ 图 3-3

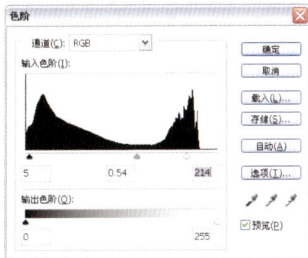
▲ 图 3-4

▲ 图 3-5

5 调整"背景副本"图层的色阶。单击"背景副本"图层前面的指示图层可视性图标，使其显示，选择"背景副本"图层，执行[图像/调整/色阶]命令，在弹出的对话框中设置数值，或用鼠标拖动滑块，调整图像的色阶。"背景副本"图层是要使画面中的人物亮起来，在得到满意的效果后单击"确定"按钮。"色阶"对话框如图 3-6 所示，图像调整后效果如图 3-7 所示。

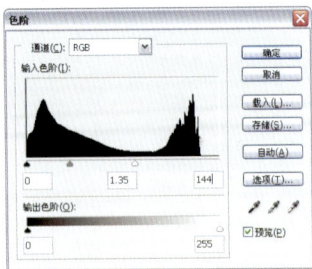

▲图 3-6

▲图 3-7

6 创建图层蒙版。选择"图层"面板底部的"添加图层蒙版"按钮，为"背景副本"图层添加一个蒙版，用鼠标单击图层蒙版缩览图，在工具箱中选择"画笔工具"，将前景色设置为白色，选择适当的笔压和大小，对"背景副本"图层进行涂抹，将下面背景图层的建筑物露出来。这样，背景清晰、人物明暗均匀的图片就处理好了。添加蒙版后"图层"面板如图 3-8，图像处理完毕后如图 3-9 所示。

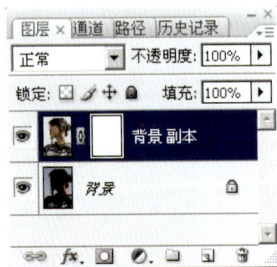

▲图 3-8

▲图 3-9

04 去除痘痘

有些女孩子因为脸上长了痘痘，不愿意拍照片，其实不用担心。本例就教你怎样除去脸上的痘痘，用工具箱中的"仿制图章工具"会将你变得更加漂亮。

▲ 处理前

▲ 处理后

1 人物脸上有些瑕疵，影响了人物成像的美感。我们执行[文件/打开]命令，打开图片如图4-1所示。

2 创建"背景副本"图层。单击"图层"面板下方的"创建新图层"按钮，将"背景"图层拖动到此按钮上，进行图层的复制。创建"背景副本"图层后，图层面板如图4-2所示

3 "仿制图章工具"涂抹图像。选择工具箱中的"仿制图章工具"，按住[Alt]键的同时在人物脸上干净的地方单击鼠标左键，选取皮肤的质地，在要替代的地方涂抹。涂抹后的效果如图4-3所示。

▲ 图4-1

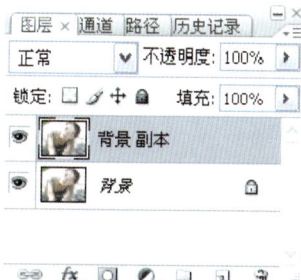

图层 × 通道 路径 历史记录

正常　　不透明度: 100%

锁定: 　　　　填充: 100%

背景 副本

背景

▲ 图4-2

▲ 图4-3

4 添加图层蒙版。选择"图层"面板下方的"添加图层蒙版"按钮 ，为"背景副本"图层添加图层蒙版，选择工具箱中的"画笔工具" ，在工具选项栏中调整适当的笔压和大小，选择前景色为黑色，降低不透明度，对图片进行调整。添加蒙版后如图 4-4 所示，图像经过调整后效果如图 4-5 所示。

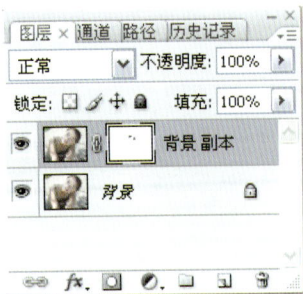
▲图 4-4

▲图 4-5

5 创建新的图层。选择"图层"面板下方的"创建新图层"按钮 ，创建新的"图层 1"，将图层混合模式改为"颜色"模式，选择工具箱中的"吸管工具" ，单击人物皮肤，选取人物皮肤的颜色，降低画笔的不透明度，这样就会使颜色和人物更好地贴合。图层面板如图 4-6 所示，图像调整后效果如图 4-7 所示。

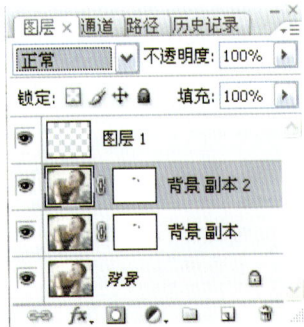
▲图 4-6

▲图 4-7

05 去除雀斑

本例是将人物脸部的雀斑变得模糊起来，使用滤镜中的"蒙尘与划痕"来除去雀斑。

▲处理前　　　　▲处理后

1 雀斑虽小，但却影响人物照片的美感。这里介绍一种去除脸上雀斑的方法。执行[文件/打开]命令，打开图像如图5-1所示。

2 创建"背景副本"图层。选择"图层"面板中的"背景"图层，将背景图层拖动到"创建新图层"按钮上，放开鼠标，就会生成"背景副本"图层。图层面板如图5-2所示。

▲图5-1

▲图5-2

3 调整蒙尘与划痕。执行[滤镜/杂色/蒙尘与划痕]命令，在弹出的对话框中设置数值，勾选"预览"复选框，调整图像达到满意的效果后，单击"确定"按钮。经过这步操作后，图像上的雀斑会奇迹般的不见了，这是因为滤镜会寻找颜色上不同于旁边的斑点，然后自动将周围的颜色融合到该处，以消除它们。"蒙尘与化痕"对话框设置如图5-3所示，照片经过处理后的效果如图5-4所示。

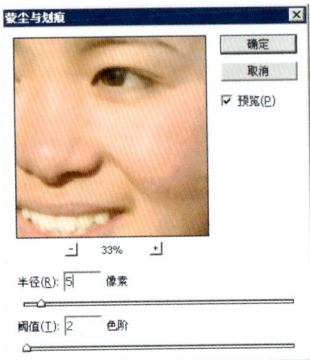

▲图5-3

▲图5-4

4 添加图层蒙版。选择"图层"面板下方的"添加图层蒙版"按钮，为"背景副本"图层添加蒙版，设置前景色为黑色，选择工具箱中的"画笔工具"，在工具调整适当的大小和笔压，涂抹画面模糊的地方，这样图像就更加完美了。"图层"面板添加蒙版后如图5-5所示，调整后的效果如图5-6所示。

▲图5-5

▲图5-6

06 调整模糊照片

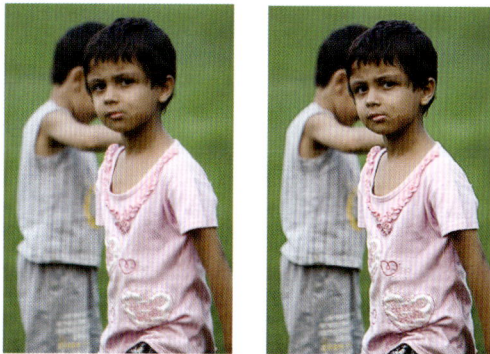

▲ 处理前

▲ 处理后

在拍照时，由于聚焦不准或抖动等原因，我们经常会拍到一些模糊的照片。我们可以经过后期将模糊的照片变清晰，主要用滤镜中的"高反差保留"命令和"USB 锐化"命令制作出效果。

1 把照片拍虚了，是经常会出现的情况，对于不太严重的模糊照片，经过处理后是可以适当挽救的，执行[文件/打开]命令，打开图片如图 6-1 所示。

2 创建"背景副本"图层。选择"图层"面板下部的"创建新图层"按钮，将背景图层拖动到此按钮上，进行背景图层的复制。创建"背景副本"图层后，"图层"面板如图 6-2 所示。

3 调整图片。在"背景副本"上，执行[图像/调整/去色]命令，这时的彩色图片变为了单色的照片。执行"去色"命令后如图 6-3 所示。

▲ 图 6-1

▲ 图 6-2

▲ 图 6-3

4 执行高反差保留。选择"背景副本"图层,执行[滤镜/其他/高反差保留]命令,在弹出的对话框中设置数值,或者调节滑块,勾选"预览"复选框,调节图片达到满意效果后,单击"确定"按钮,此时的对话框设置如图6-4所示,图像调整后的效果如图 6-5 所示。

▲图6-4

▲图6-5

5 调整图层的混合模式。选择"背景副本"图层,调整图层的混合模式为"叠加","图层"面板如图6-6所示,图像效果如图 6-7 所示。

▲图6-6

▲图6-7

6 创建"背景副本2"图层。将经过处理的"背景副本"图层,拖动到"图层"面板下方的创建新的图层按钮上,进行这一步的意义是让刚才高反差保留的效果更明显。创建"背景副本2"图层后,"图层"面板如图6-8所示,图像经过处理后的效果如图6-9所示。

▲图6-8

▲图6-9

7 锐化图像。执行[滤镜/锐化/USM锐化]
命令，在弹出的对话框中设置各项数值，或
者滑拖滑块调整图像的清晰度。设置"USM
锐化"对话框参数如图6-10所示，最终效果
如图6-11所示。

▲图6-10

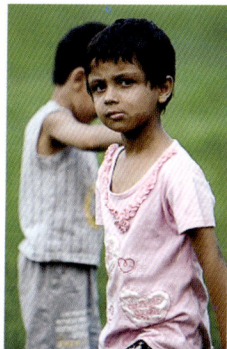

▲图6-11

07 调整锐化的照片

观察左边原照
片，会发现照片中带
有轮廓的地方都显得
粗糙，给人感觉很不
自在，本例就是讲解
怎样对这样的照片进
行调整。

▲处理前

▲处理后

1 人物照片的锐化，会使照片本身有很多的杂色和斑点，这样就影响了人物成像的质量。执行[文件/打
开]命令，打开一张图片如图7-1所示。

2 创建"背景副本"图层。选择"图层"面板下方的"创建新图层"按钮，将"背景"图层拖动到
此按钮上，进行图层复制。创建背景副本图层后，"图层"面板如图7-2所示。

▲ 图 7-1

▲ 图 7-2

3 　模糊画面。执行[滤镜/模糊/高斯模糊]命令，在弹出的对话框中设置数值，或拖动滑块，勾选"预览"复选项，调节图像到满意的效果后单击"确定"按钮。设置对话框的数值如图 7-3 所示，图像效果如图 7-4 所示。

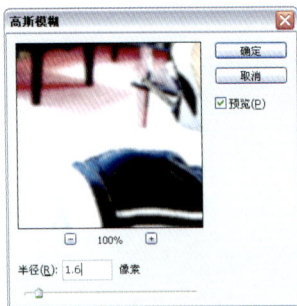

▲ 图 7-3

▲ 图 7-4

4 　调整亮度/对比度。单击"图层"面板下方的"创建新的填充和调整图层"按钮 ，在下拉菜单中选择"亮度/对比度"命令，在弹出的对话框中设置数值，或者拖动滑块进行设置，调整图片到满意效果后单击"确定"按钮。"亮度/对比度"对话框设置如图 7-5 所示，图像效果如图 7-6 所示。

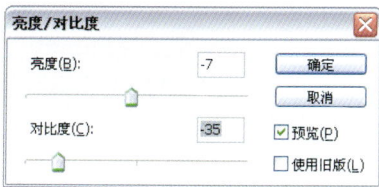

▲图7-5

▲图7-6

5 调整曲线。选择"图层"面板下方的"创建新的填充或调整图层"按钮 ◑.，选择"曲线"命令，在弹出的对话框中选择设置白场，用吸管点击图像上固有色为无彩色的点，如白色的衣服、黑色的裤子，勾选"预览"复选框，查看图像的变化，得到满意的效果后，单击"确定"按钮。"曲线"对话框设置如图7-7所示，处理后效果如图7-8所示。

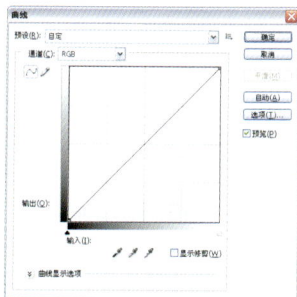

▲图7-7

▲图7-8

6 改变图层的混合模式。选择"图层"面板，设置图层的混合模式为"变亮"，此时的"图层"面板如图7-9所示，最终效果如图7-10所示。

▲ 图7-9

▲ 图7-10

08 修改闭眼的照片

▲ 处理前

▲ 处理后

拍摄时，我们经常会拍出闭眼的照片来，不用担心，下面教你怎样将闭眼的照片变成靓丽明眸的照片。

1 执行[文件/打开]命令，打开一张需要修理闭眼的照片，如图8-1所示。

2 打开替换的图片。要使闭眼的照片修复好，须找一张姿势差不多的图片替换，执行[文件/打开]命令，打开一张要进行替换的图片，如图8-2所示。

▲图8-1

▲图8-2

3 拖动图片。选择替换的图片，用鼠标拖动图片到需要修改的图片上，当鼠标的箭头变为加号时，放开鼠标，"图层"面板会自动生成一个新的"图层1"。拖动到需要修改的图片后如图8-3所示，"图层"面板如图8-4所示。

4 调整替换图片的大小。选择替换图片，按[Ctrl+T]组合键执行自由变换命令，用鼠标拖动图片的一角，在拖动鼠标的时候，一定要按住[Shift]键，这样缩放的图片是与原图片等比例缩放的。调整后按[Enter]键确定。缩放后的效果如图8-5所示。

▲图8-3

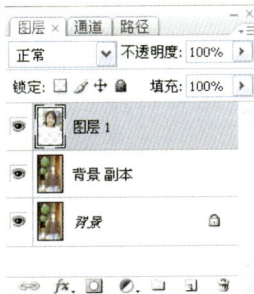
▲图8-4

▲图8-5

5 添加图层蒙版。选择"图层1",选择"图层"面板下方的"添加图层蒙版"按钮，给"图层1"添加一个蒙版，选择工具箱中的"画笔工具"，设置前景色为黑色，把图层1的图片背景去掉，露出原文件的背景。添加蒙版后的"图层"面板如图8-6所示，图层1去掉背景后的效果如图8-7所示。

▲ 图8-6

▲ 图8-7

6 调节亮度/对比度。因为图层1的人像和原文件的亮度不符,所以要提高它的亮度。执行[图像/调整/亮度/对比度]命令,在弹出的对话框中设置数值,或者拖移对话框中的滑块,勾选"预览"复选框,看到图层1的亮度/对比度与原图像吻合后,单击"确定"按钮。设置"亮度/对比度"对话框如图8-8所示,调整后的效果如图8-9所示。

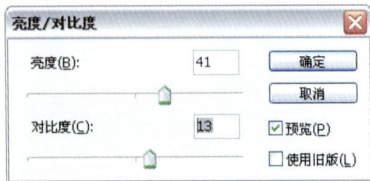

▲ 图8-8

▲ 图8-9

7 加深部分图像。在图层1与原图像之间还有一些差别,选择工具箱中的"加深工具"，在工具选项栏中设置适当的大小和笔压后,在图片需要加深的地方涂抹,效果如图8-10所示。

8 对人物的衣服颜色进行调整。人物的衣服颜色比较浅，显得人物不太突出，选择工具箱中的"加深工具" ✎，设置适当的画笔大小和笔压，曝光度后对衣服进行涂抹，涂抹后图像的衣服颜色会更鲜明。对衣服颜色加深后，效果如图 8-11 所示。

9 经过反复的调整后，图层 1 与原图像拼合成了一张图片。最终效果如图 8-12 所示。

▲图 8-10　　　　　▲图 8-11　　　　　▲图 8-12

09 使照片的颜色更加鲜艳

拍照时，由于光线的变化，明暗的不同，拍出来的照片颜色往往是不正确的，通过本例的学习，将发灰的照片变得更加鲜艳。

▲处理前　　　　　▲处理后

① 打开图像文件。执行[文件/打开]命令，或按[Ctrl+O]组合键，在弹出的对话框中选择一张需要处理的照片，单击"打开"按钮。背景中的花草以及树木颜色远没有当时拍摄时色彩艳丽，如果对照片做适当的调整可以借助艳丽的花草来衬托人物。打开图片如图9-1所示。

▲图9-1

② 调整图像的"色阶"。执行[图像/调整/色阶]命令，在弹出的"色阶"对话框中单击右侧的"自动"按钮，系统将自动调整图像的色阶，这样会使图像中的明暗度自动协调，然后单击"确定"按钮，调整后的效果如图9-2所示。

③ 对图像应用"色相/饱和度"命令。执行[图像/调整/色相/饱和度]命令，在弹出的"色相/饱和度"对话框中向右侧拖移饱和度的滑块，这样就可以提高图像的色彩饱和度，图像中的各种颜色就会更加鲜艳，单击"确定"按钮。"色相/饱和度"对话框如图9-3所示，得到效果如图9-4所示。

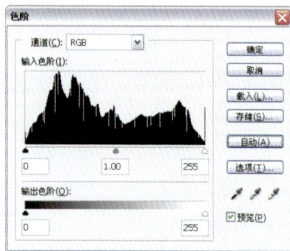

▲图9-2

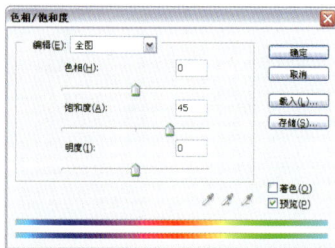

▲图9-3

▲图9-4

4 执行[图像/调整/色相/饱和度]后，如果在弹出的"色相/饱和度"对话框中，向左侧拖移饱和度的滑块，图像中的颜色会逐渐减弱，直至变成黑白颜色的照片，设置"色相/饱和度"对话框如图 9-5 所示，图像调整后如图 9-6 所示。

5 调整色相/饱和度后，图像会比以前的图像色彩更加清晰、鲜艳、图像效果如图 9-7 所示。

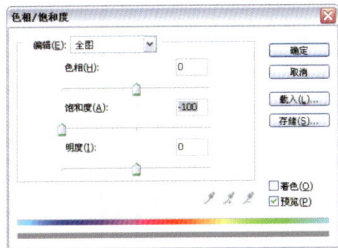

▲图 9-5

▲图 9-6

▲图 9-7

10 明亮眼睛

很多人的眼睛本来很大，很有神韵，失败的拍摄让她们显得无精打彩，但现在不用担心，本例将会教你怎样明亮眼睛。

▲处理前

▲处理后

1 眼睛是心灵的窗户,每个人都想拥有美丽迷人的眼睛,所以美化眼睛也是不可忽视的。执行[文件/打开]命令,打开的图片如图 10-1 所示。

▲图 10-1

2 使"背景副本"图层以快速蒙版方式编辑。选择工具箱中的"以快速蒙版模式编辑"按钮 ,再选择工具箱中的"画笔工具" ,在工具选项栏中调整画笔的大小和笔压后,对人物的黑眼球部分进行涂抹,这时人物的黑眼球部分呈红色。图像以快速蒙版模式编辑后,如图 10-3 所示。

2 创建"背景副本"图层。选择"背景"图层,将其拖动到"创建新的图层"按钮 ,上,这时图层面板会自动生成背景副本图层。如图 10-2 所示。

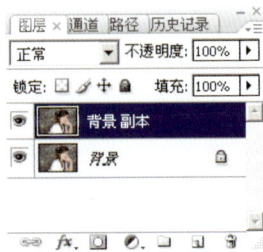

▲图 10-2

▲图 10-3

3 以标准模式编辑图片。选择工具箱中的"以标准模式编辑"按钮 ,使红色的快速蒙版变为选区,这时要执行[选择/反选]命令,使选区在人物的眼睛部分。以标准模式编辑后图像如图 10-4 所示,反选后图像如图 10-5 所示。

▲图 10-4

▲图 10-5

4 调整图像的色阶。执行[图像/调整/色阶]命令，在弹出的对话框中设置数值，或者拖动滑块对图像进行调整，勾选"预览"复选框，调整图像到满意的效果后，单击"确定"按钮。调整"色阶"对话框如图 10-6 所示，图像效果如图 10-7 所示。

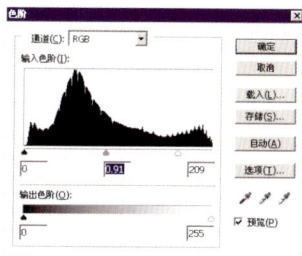
▲图 10-6

▲图 10-7

5 调整选区内图像的色彩平衡。在弹出的对话框中填写数值，或者用鼠标拖移滑块，进行设置，勾选预览复选框，调整图像到满意的效果后单击"确定"按钮。"色彩平衡"对话框如图 10-8 所示，图像调整后如图 10-9 所示。

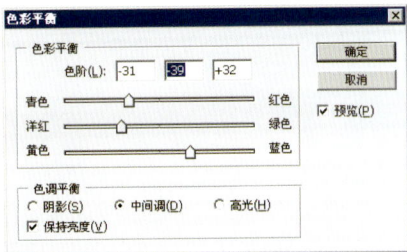

▲图 10-8

▲图 10-9

6 给眼睛加高光。选择工具箱中的"吸管工具" ![icon]，用鼠标单击眼睛原有的高光部分，吸取它的颜色，选择"画笔工具" ![icon]，设置适当的大小及笔压，对眼睛进行涂抹，可以适当地调整画笔的透明度。图像的最终效果如图 10-10 所示。

▲图 10-10

11 美白牙齿

　　一付皎洁的牙齿会让人增加自信，笑口常开，下面就让你的牙齿皎洁起来。我们可以使用工具箱中的"魔棒工具"和"减淡工具"将欠缺的牙齿进行美白。

▲处理前↑

▲处理后↑

1 在照像时，人物有时会因为自己没有一口亮白的牙齿，而不能开怀大笑。用Photoshop就能很容易地解决这种想笑而不能笑的尴尬问题。执行[文件/打开]命令，图片如图11-1所示。

2 创建"背景副本"图层。创将"背景"图层用鼠标拖动到"建新图层"按钮，放开鼠标，这时"图层"面板会自动生成"背景副本"图层。图层面板如图11-2所示。

▲图 11-1

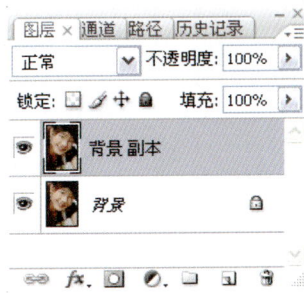

▲图 11-2

3 用"魔棒工具"创建选区。选择工具箱中的"魔棒工具"，在魔棒工具的选项栏中，单击"添加选区"按钮，添加选择的区域。添加选区后图像如图11-3所示。

4 减淡牙齿颜色。在减淡牙齿颜色前，先要按下[Ctrl+H]组合键，隐藏选区，这样能比较清晰地看到牙齿的变化。选择工具箱中的"减淡工具"，调整适当的大小和曝光度后，对图像进行涂抹，这时的牙齿产生了明显的变化。减淡牙齿颜色后如图11-4所示。

5 对人物进行最后的调整。在人物的牙齿美白后，如果观察牙齿和人物脸部的色调不协调，可以选择工具箱中的"模糊工具"，在模糊工具选项栏中，调整强度值后，对人物的牙齿部分进行模糊，这样美白牙齿就完成了。最终效果如图11-5所示。

▲图 11-3

▲图 11-4

▲图 11-5

12 去除黑眼圈

人随着年龄的增长，眼睛的周围会产生黑眼圈，不用担心，本例会让你再年轻起来，可使用工具箱中的修复画笔工具 🖊，去眼圈。

▲处理前↑

▲处理后↑

1 有时在照片中会发现，一些人物的眼部有明显的黑眼圈，虽然不会影响画面的整体效果，但会使人物看起来精神不振。执行[文件/打开]命令，图片如图 12-1 所示。

2 创建"背景副本"图层。选择"背景"图层，把背景图层用鼠标拖动到"创建新图层"按钮 🔲 上，复制背景图层，这时"图层"面板会自动生成一个"背景副本"图层，如图 12-2 所示。

▲图 12-1

▲图 12-2

3 使用"修复画笔工具"。选择工具箱中的"修复画笔工具" ，适当调整画笔的大小，对眼部进行修复，同时按下[Alt]键和鼠标的左键，对肤色进行选取后，在黑眼圈的部分进行涂抹，修复画笔工具会中和选取的颜色和原有的颜色。效果如图12-3所示。

▲图 12-3

4 减淡眼部的颜色。选择工具箱中的"减淡工具" ，选择适当的大小和曝光度，对黑眼圈部分进行涂抹，这样会使刚才经过修复工具处理后的眼部颜色更加自然。经过减淡工具处理后，图像效果如图12-4所示。

5 模糊眼部皮肤。选择工具箱中的"模糊工具" ，在模糊工具选项栏中，调整模糊工具的大小和强度后，对图像进行涂抹。经过"模糊工具"的修整后，眼部周围的皮肤会比较柔和。效果如图12-5所示。

▲图 12-4

▲图 12-5

13 改变衣服的颜色

拍照时，人物衣服的形状比较复杂，可以使用快捷蒙版创建选区，换上你所喜爱的衣服颜色。

▲处理前 1

▲处理后 1

1 打开图片文件。执行[文件 / 打开]命令，在弹出的"打开"对话框中，选择一张 jpg 格式的照片，单击"确定"按钮，或按[Ctrl + O]组合键打开的照片素材如图 13-1 所示。复制背景图层，得到"背景副本"图层，如图 13-2 所示。

▲图 13-1

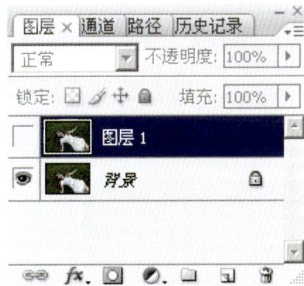
▲图 13-2

② 　使用工具箱中的"缩放工具"🔍，在衣服区域拖动鼠标，使该区域放大显示，如图 13-3 所示。选择工具箱中的"多边形索套工具"▷，沿衣服的边缘创建选区，如图 13-4 所示。在选取过程中，按空格键，鼠标会自动变成🖐，这时拖动鼠标，可以查看未显示区域。

▲图 13-3

▲图 13-4

③ 　用纯色为衣服着色。将前景色设置为需要替换的颜色，本例选择绿色。执行[图层/新填充图层/纯色]命令，在弹出的"新建图层对话框"中，设置各项参数，如图 13-5 所示。单击"确定"按钮，这样衣服上原有的纹理和明暗就不会被我们填充的纯色所覆盖。如图 13-6 所示。

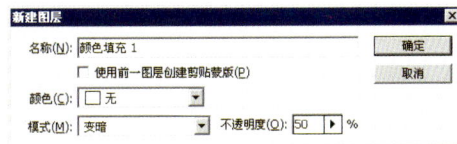
▲图 13-5

4 使用"多边形索套工具" 👝，经常会出现一些漏选或者多选的情况，衣服这时候已经有了新颜色，可以进一步做精细的处理。单击"画笔工具" 🖌，设置好笔刷的尺寸，然后将前景色设置为白色，或按[D]键，将前景色替换为白色，对露出原来衣服的地方进行细致的涂抹；若是遇到溢出的情况，将前景色设置为黑色，或按[X]键，将前景色切换为黑色，进行涂抹，将它去除。调整后的效果如图 13-7 所示。

▲图 13-6

▲图 13-7

14 去除阴影

在拍照时，往往一些建筑物的阴影会使照片出现大面积的灰暗。怎样处理被建筑物遮住的阴影呢，我们可以对阴影建立选区，然后使用"曲线"工具调整阴影并对细节部分添加蒙版。

▲处理前

▲处理后

1 　在这张图片上，拍摄时因为有物体把阳光挡住了，所以形成了阴影，这样的阴影会损害到照片的整体效果。我们通过实例看一下如何去除阴影。执行[文件/打开]命令，单击文件名称，单击"确定"按钮。打开图片如图 14-1 所示。

2 　创建背景图层副本。选择"背景"图层，将其拖曳到"图层"面板下方的"创建新图层"按钮 ⊐ 上，创建一个背景图层副本。图层面板如图 14-2 所示。

3 　打开"计算"对话框。选择背景图层副本，执行[图像/计算]命令，设置各种数值与选项，在设置完毕后单击"确定"按钮，这时的图片反差比较大，有利于下一步的操作。"计算"对话框设置如图 14-3，图像经过计算后如图 14-4 所示。

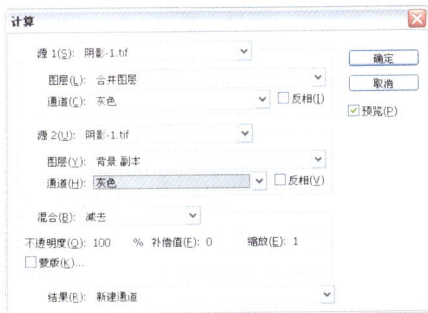

4 切换到"通道"面板。进入"通道"面板，可以看到新产生了一个 Alpha1 通道，这就是所需要的选区。在工具箱中选择"画笔工具" ，将前背景色设置为黑色，选择适合的笔压和大小，把 Alpha1 通道内阴影以外的部分都涂抹成黑色，留下的就是选区。通道面板如图 14-5 所示，用黑色涂抹后的图片效果如图 14-6 所示。

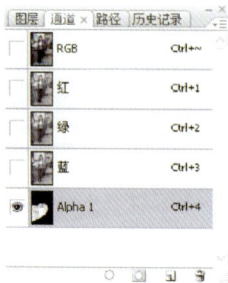

▲图 14-5

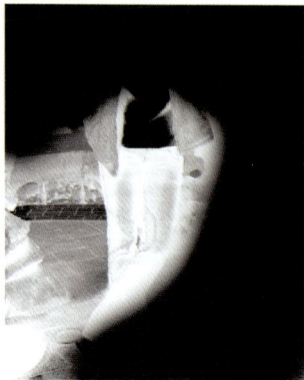

▲图 14-6

5 得到选区。按住[Ctrl]键的同时，用鼠标单击[Alpha]通道，这时就得到了选区。如图 14-7 所示。

6 添加选区。刚才得到的选区与实际所需要的选区还有一定的差距，按住组合键[Ctrl+Shift]，在再继续单击 Aplha1 通道，直到选区与阴影部分的大小一致为止。添加选区后效果如图 14-8 所示。

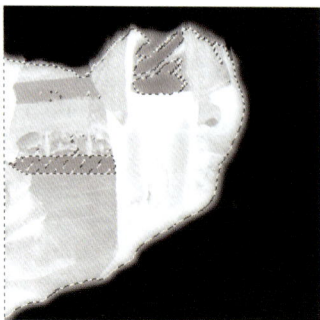

▲图 14-7

▲图 14-8

7 调整选区。切换到"图层"面板上，用鼠标单击背景图层副本，选区的边缘还有些硬，执行[选择/羽化]命令，在弹出的对话框中，设置羽化值为50像素，单击"确定"按钮确定。"羽化"对话框设置如图14-9，图像选区经过羽化后如图14-10所示。

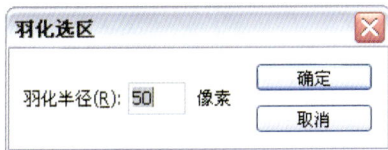

羽化选区

羽化半径(R): 50 像素

确定
取消

8 调整选区的曲线。执行[图像/调整/曲线]命令，勾选"预览"复选项，用鼠标调节曲线上的滑块，或者填写文本框中的数值，直到图像中选区的阴影调节到满意的亮度，单击"确定"按钮。"曲线"对话框中设置数值如图14-11，图像经过曲线调整后如图14-12所示。

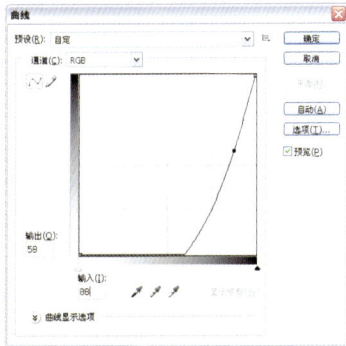

9 修改图层的混合模式。进入"图层"面板，调整图层混合模式为"滤色"，"图层"面板设置后如图 14-13 所示，图像最终效果如图 14-14 所示。

▲ 图 14-13

▲ 图 14-14

15 黑白照片转为彩色照片

　　本例将一张很旧的照片变为彩色的照片，可使用"色相／饱和度"命令调整图层对照片进行上色处理。

▲ 处理前

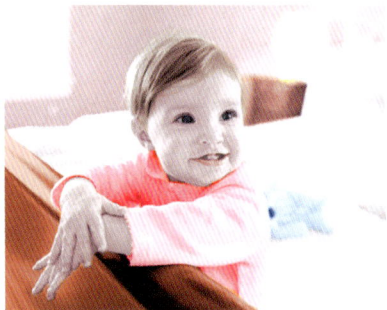

▲ 处理后

1 打开需要上色的照片按[Ctrl+O]组合键，在弹出的对话框中选择需要修饰的照片，并单击"确定"按钮，打开照片文档。如图 15-1 所示。

▲ 图 15-1

2 给照片的背景部分着色。执行[图层]/[新调整图层]/[色相/饱和度]命令，在弹出的对话框中单击"确定"按钮，如图 15-2 所示。我们将此图层命名为"背景"，以免图层混淆，建议为每个调整图层指定相应的名称。在弹出的"色相/饱和度"对话框中勾选"着色"复选框，然后拖移滑块，为图像背景调整颜色，如图 15-3 所示。

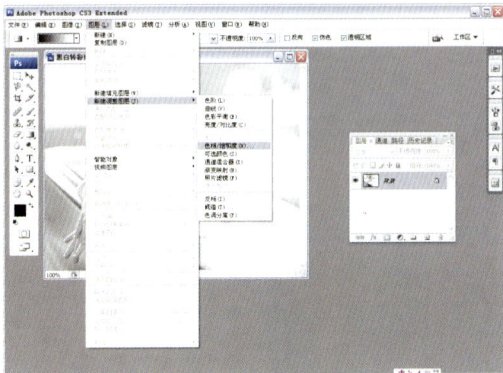

▲ 图 15-2

▲ 图 15-3

3 为小玩具着色。单击"索套工具" ，对玩具的轮廓进行选取，如图 15-4 所示。执行[图层]/[新调整图层]/[色相/饱和度]命令，在弹出的对话框中，指定此图层的名称，单击"确定"按钮。在弹出的对话框中勾选"着色"复选框，以拖移滑块为图像着色。调整完成后，单击"确定"按钮，效果如图 15-5 所示。

▲图 15-4

▲图 15-5

④ 为家具上色。单击"索套工具" ，选择其中一块要着色的部分，如图 15-6 所示。执行[图层]/[新调整图层]/[色相/饱和度]命令，在弹出的对话框中指定名称，单击"确定"按钮，在弹出的对话框中，勾选"着色"复选框，调整颜色，单击"确定"按钮，效果如图 15-7 所示。

▲图 15-6

▲图 15-7

⑤ 用同样的方法，分别为背景的各个部分着色，步骤同上。再为孩子的各个部分着色。最终完成效果如图 15-8 所示。

▲图 15-8

16 添加人物纹身效果

人体纹身效果也很时尚，本例就教你在身上添加纹身的方法。选择一张自己满意的花纹纹理，将其放到人物身上。

1 打开图片文件。执行[文件/打开]命令，在弹出的"打开"对话框中，选择需要处理的照片文件，单击"打开"按钮，或按[Ctrl+O]组合键，打开的文件如图16-1和图16-2所示。

2 将纹身图案粘贴到相片上。选择"魔棒工具"，单击纹身图片中的白色部分，执行[选择/反选]命令，或按[Ctrl+Shift+I]组合键进行反选，"移动工具"，将纹身图案拖曳至相片上，如图16-3所示。

3 执行[编辑/自由变换]命令，或按[Ctrl+T]组合键调整图案的大小、位置和角度，调整好后按 "Enter" 键确认操作，如图16-4所示。

▲图16-3

▲图16-4

4 创建高光区域。选择 "图层" 面板中的 "背景" 图层，按[Ctrl+A]组合键，将图像全部选中，如图16-5所示。按[Ctrl+C]组合键，复制所选图像。进入 "通道" 面板，单击创建新通道按钮，按[Ctrl+V]组合键，粘贴图像到新的通道中，效果如图16-6所示。

▲图16-5

▲图16-6

5 执行[滤镜/模糊/高斯模糊]命令，在弹出的 "高斯模糊" 对话框中，将半径设置为5，单击 "确定" 按钮，如图16-7所示。执行[图像/调整/色阶]命令，在弹出的 "色阶" 对话框中，拖移滑块，使图像整体变暗，突出局部的高光区域，单击 "确定" 按钮，效果如图16-8所示。

▲图16-7 ▲图16-8

6 调整高光区域的图像。按住[Ctrl]键单击Alpha1通道，将通道转换为选取范围，我们将得到图像中的高光区域，如图 16-9 所示。进入图层面板，选择纹身图案所在的图层，然后按[Delete]键删除选中高光区域的图像，使图案上的光线照射与皮肤效果一致，如图 16-10 所示。

▲图16-9 ▲图16-10

7 修整纹身图案的多余部分。执行[图层/添加图层蒙版/显示全部]命令，添加为纹身图案图层蒙版，将前景色设置为黑色，单击"画笔工具"，在纹身图案多余的地方涂抹，被涂抹的地方将被隐藏，如图16-11 所示。选择纹身图案图层，将此图层直接拖曳到"创建新图层"按钮上，复制纹身图案图层，最终效果如图 16-12 所示。

▲图16-11 ▲图16-12

17 挑染头发效果

通过照片处理您可以去掉脸上的邹纹，盖上一头黄黄的头发，均匀皮肤的色调，本例将为您展示闪亮的瞬间，使您变得更加年轻。

▲ 处理前

▲ 处理后

① 打开照片文档。执行[文件 / 打开]命令，在弹出的"打开"对话框中，选择要进行处理的照片，单击"打开"按钮，或按[Ctrl+O]组合键，打开文件如图 17-1 所示。

② 创建背景图层副本，添加快速蒙版。选择"背景"图层，将其拖曳到"创建新图层"按钮 上，创建"背景副本"图层，如图 17-2 所示。单击"以快速蒙版模式编辑"按钮 ，设置前景色为黑色，选择"画笔工具" ，对头发部分进行涂抹操作，如图 17-3 所示。

▲ 图 17-1

▲ 图 17-2

▲ 图 17-3

3 按下键盘中的[Q]键,将蒙版转换为选区,如图 17-4 所示。此时,通道面板中的快速蒙版图层就消失了,如图 17-5 所示。

▲ 图 17-4

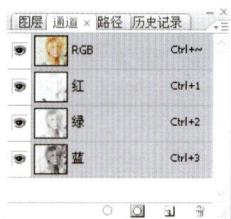

▲ 图 17-5

4 将选区转换为 Alpha 通道。执行 [选择 / 反选] 命令,或按 [Ctrl+Shift+T]组合键,将选区反选,如图 17-6 所示。选择通道面板,单击"将选区存储为通道"按钮,将选区转换为 Alpha 通道。选择图层面板,按 [Ctrl+J]组合键复制选区,效果如图 17-7 所示。

▲ 图 17-6

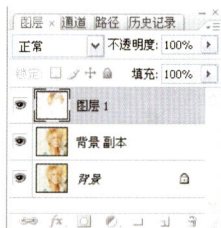

▲ 图 17-7

5 给头发上色。按住[Ctrl]键。单击图层 1,此时,图层 1 被载入选区,选择工具箱中的"渐变工具" ,设置的渐变颜色如图 17-8 所示。在工具选项栏中单击"径向渐变"按钮 ,由左至右拖动鼠标,效果如图 17-9 所示。

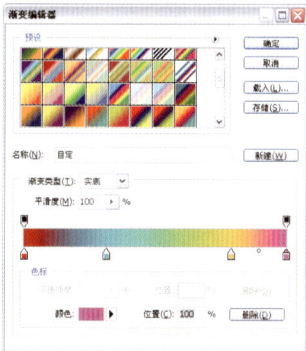

▲ 图 17-8

▲ 图 17-9

6 取消选区，将图层 1 的图层混合模式设置为"柔光"，这样就完成了头发颜色的处理，如图 17-10 所示。按 [Ctrl+D] 组合键"缩放工具" 🔍，放大图像的比例，选择工具箱中的"模糊工具" 💧，将头发与皮肤接触的地方进行模糊处理，使其更加柔和自然，另外，也可以通过"橡皮擦工具" 🖼 对不满意的地方进行修改，最终效果如图 17-11 所示。

▲ 图 17-10

▲ 图 17-11

18 使人物皮肤变白

想让自己像明星一样吗？想让自己的肌肤更加光滑细腻吗？我们可以利用修复工具去除面部瑕疵、结合"高斯模糊"命令来光滑您的肌肤。

1 打开原始照片。执行 [文件/打开] 命令，在弹出的"打开"对话框中，选择照片图像，单击"打开"按钮，如图 18-1 所示。

2 增加图像的亮度。执行 [图像/调整/曲线] 命令，具体参数设置如图 18-2 所示。其效果如图 18-3 所示。

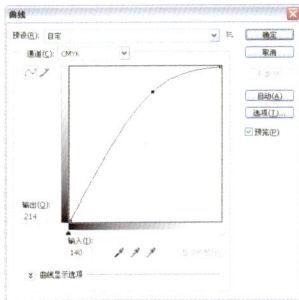

3 嫩肤处理。选择"多边形套索工具" ，选择脸部皮肤（除眼、鼻、嘴、眉外），如图 18-4 所示。执行[选择/羽化]命令，设置羽化半径设为 10 像素，如图 18-5 所示。

4 使皮肤洁白光滑。执行[滤镜/模糊/高斯模糊]命令，将半径设置为 5，效果如图 18-6 所示。

5 为腮部增加粉嫩颜色。使用"多边形套索工具" ，选择脸部肌肤，如图 18-7 所示。执行[选择/羽化]命令，设置羽化半径为 10 像素，单击"却"按钮。执行[图像/调整/曲线]命令，调整红色通道中的曲线，令肌肤泛起红晕，如图 18-8 所示。用同样的方法适当调整颈部肌肤的明暗度及色彩。

▲图 18-7   ▲图 18-8

19 只保留照片中的一种色彩

看惯了彩色的照片再看褪去颜色
的黑白照片，会使人产生怀旧的感
觉。本例就是将彩色照片中的各种颜
色逐步消除，达到自己所需色彩的目
的，主要用"色相／饱和度"经过不
同的颜色通道来进行处理。

▲图 19-2   ▲图 19-3

1 打开一张彩色照片，执行[文件／打开]命令，在弹出的"打开"对话框中，选择照片文档，单击"打
开"按钮，如图 19-1 所示。

2 将照片中的黄色色相消除。执行[图像]/[调整]/[色相/饱和度]命令，或按[Ctrl+U]键，在弹出的"色相/饱和度"对话框中，选择"编辑"为"黄色"，如图19-2所示。将"饱和度"的滑杠向左托曳，画面中的黄色就消失了，效果如图19-3所示。

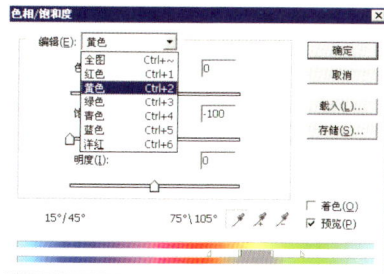

3 将照片中的绿色色相消除。执行[图像]/[调整]/[色相/饱和度]命令，或按[Ctrl+U]组合键，在弹出的"色相/饱和度"对话框中，选择"编辑"为"绿色"，如图19-4所示。将饱和度的滑块向左拖移，画面中的绿色就消失了，效果如图19-5所示。

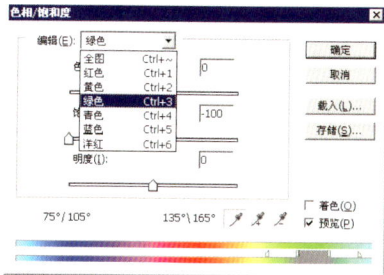

4 将照片中的洋红色相消除。执行[图像]/[调整]/[色相/饱和度]命令，或按[[Ctrl+U]键，在弹出的"色相/饱和度"对话框中，选择"编辑"为"洋红"。将饱和度的滑块向左拖移，画面中的洋红就消失了，效果如图19-6所示。

5 将照片中的蓝色色相消除。执行[图像]/[调整]/[色相/饱和度]命令，或按[Ctrl+U]组合键，在弹出的"色相/饱和度"对话框中，选择"编辑"为"蓝色"，如图 19-7 所示。将饱和度的滑块向左拖移，画面中的蓝色就消失了，效果如图 19-8 所示。

▲图 19-6

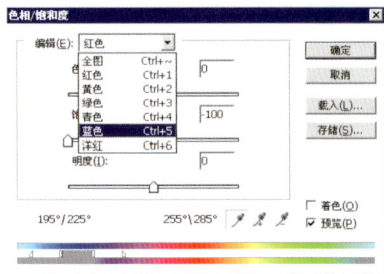

▲图 19-7

▲图 19-8

6 将照片中的青色色相消除。执行[图像]/[调整]/[色相/饱和度]命令，或按[Ctrl+U]组合键，在弹出的"色相/饱和度"对话框中，选择"编辑"为"青色"。将饱和度的滑块向左拖移，画面中的青色就消失了，最终效果如图 19-9 所示。

▲图 19-9

20 修饰人物的身材

用工具箱中的"椭圆工具"将人物身上丰满的部位和苗条的部位进行勾选，再使用"羽化"命令将勾选的选区进行羽化，用扭曲滤镜中的命令——对它进行处理，就不怕自己不美了。

▲图20-1 ▲图20-2

① 打开照片文档。执行[文件/打开]命令。在弹出的"打开"对话框中，选择需要修改的瘦身照片，单击"打开"按钮，如图20-1所示。

② 调整胸部的凸凹。使用"椭圆选框工具" ○，圈选胸部如图20-2所示。执行[选择/羽化]命令，在弹出的"羽化选区"对话框中，设置"羽化"半径为30像素，单击"确定"按钮。

▲图20-1 ▲图20-2

3 制作苗条细腰。执行 [滤镜 / 扭曲 / 球面化]命令，在弹出的"球面化"对话框中，调整"数量"的数值，并在预览窗口里预览胸部效果变化的程度，修饰后的效果如图20-3所示。再选择"椭圆选框工具"○.，在照片中圈选腰的部分，如图20-4所示。

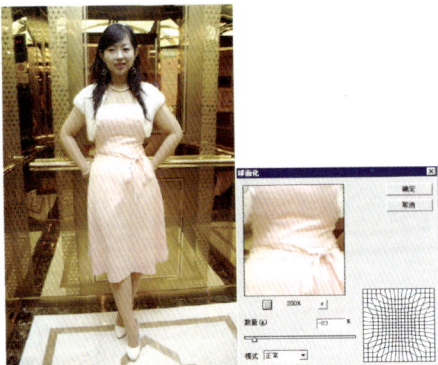

▲ 图 20-3

▲ 图 20-4

4 执行[滤镜 / 扭曲 / 挤压]命令，在弹出的"挤压"对话框中，同样缩小预览窗口，调整"数量"的数值，并在预览窗口里预览变化，修饰效果如图20-5所示。

5 选择"椭圆选框工具"○.，圈选照片中腿的部分，如图20-6所示。执行[滤镜 / 扭曲 / 挤压]命令，在弹出的"挤压"对话框中，同样缩小预览窗口，调整"数量"的数值，并在预览窗口里预览腰部效果变化的程度，最终修饰效果如图20-7所示。

▲ 图 20-5

▲ 图 20-6

▲ 图 20-7

21 去除照片中人物的红眼

使用闪光灯在较暗的环境拍摄人物或动物时，拍摄出来的对象往往有红眼现象，让人感觉不舒服，本例就讲解怎样对此红眼进行修饰，主要用到工具箱中的"去红眼工具"进行处理。

1 用数码相机拍摄人物时，经常会出现人物眼睛发红的现象，也就是通常所说的"红眼"，这种现象严重影响了人物的成像质量。这里就介绍一种去除红眼的方法，执行[文件/打开]命令，打开需要修改的图片，如图 21-1 所示。

2 创建"背景副本"图层。选择图层面板下方的"创建新图层"按钮，用鼠标拖动背景图层到此按钮上，创建一个背景图层的副本。创建"背景副本"图层后，图层面板如图 21-2 所示。

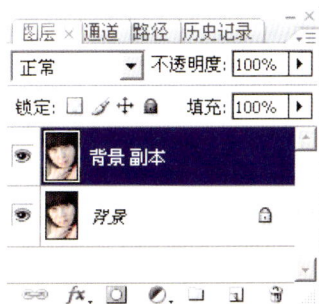

③ 为看清人物眼睛中的红眼，将图像放大到合适的位置，如图 21-3 所示。

④ 选择工具箱中的"红眼工具"，在工具选项栏中适当调整瞳孔大小和变暗量的大小，设置好后，在图像中单击人物眼睛有红眼处，如图 21-4 所示。

▲图 21-3

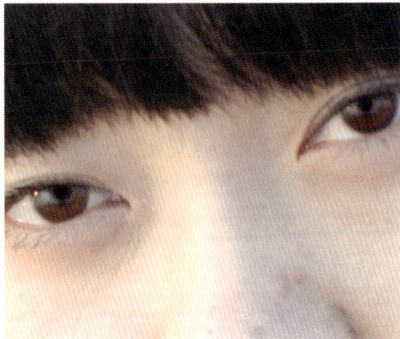

▲图 21-4

⑤ 最终效果。执行完这些命令后，再将"背景 副本"图层的混合模式设置为"饱和度"，如图 21-5 所示，眼睛已经由原来的"红眼"恢复正常颜色了，最终效果如图 21-6 所示。

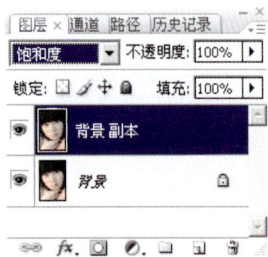

▲图 21-5

▲图 21-5

Part 03

数码照片特效篇

01 为照片添加下雪效果

02 为照片添加下雨效果

03 为照片添加下雾效果

04 夏天变秋天的制作效果

05 添加烟火效果

06 室外照变室内照

07 抽象漫画效果的制作

08 制作插画效果

09 制作速绘效果

10 制作水彩效果

11 制作动感背景效果

12 制作水墨画效果

13 制作水面倒影效果

14 制作日落色调效果

15 制作反转片效果

16 制作木版画效果

17 人物线描彩绘效果

18 制作自己的肖像喷绘

19 制作彩虹效果

01 为照片添加下雪效果

在零摄氏度以下拍摄是很苦的事情，在降雪的零摄氏度下拍摄更困难，只有您坚持不懈，并且还要足够幸运，才能在降雪的天气拍得好照片，可现在不用担心天气情况了，通过电脑制作我们也可获得下雪时的佳作。

① 打开照片。执行[文件/打开]命令，选择需要添加下雪效果的照片，单击"打开"按钮，如图1-1所示。

② 新建下雪效果的图层，制作下雪效果。单击"创建新图层"按钮，得到图层1，执行[编辑/填充]命令，在弹出的"填充"对话框中设置使用50%的灰色填充，单击"确定"按钮，如图1-2所示。执行[滤镜/素描/绘图笔]命令，具体参数设置如图1-3所示。

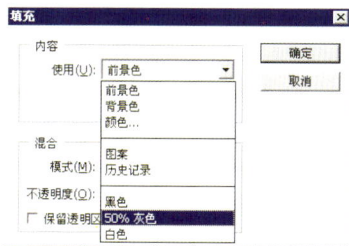

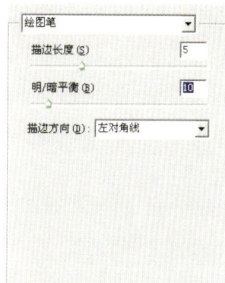

3 制作飘着的雪花。执行 [选择 / 色彩范围]命令，将颜色 容差设置为40，选择"高光"选 项，单击"确定"按钮，如图1- 4所示。按[Delete]键删除选取 范围，效果如图1-5所示。

▲ 图1-4

▲ 图1-5

4 填充雪花完成效果制 作。执行[选择/反选]命令，或按 [Ctrl+Shift+I]组合键，将选区反 选，填充为白色，如图1-6所示。 执行[滤镜 / 模糊 / 高斯模糊]命 令，设置半径为0.5像素，单击 "确定"按钮，最终效果如图1- 7所示。

▲ 图1-6

▲ 图1-7

02 为照片添加下雨效果

在倾盆大雨的天气拍摄是件奢侈的事情，由于很多的相机都是不防水的，在雨中拍摄会变得非常困难，经过本例的学习，就不一定非在雨天出去拍摄了。

▲处理前

▲处理后

1 打开照片。执行[文件 / 打开]命令，选择需要添加下雨效果的照片，单击"打开"按钮，如图2-1所示。

2 复制"背景"图层。将"背景"图层拖动到"创建新图层"按钮上，创建"背景副本"图层，如图2-2所示。执行[滤镜 / 像素化 / 点状化]命令，具体参数设置如图2-3所示。

▲图 2-1

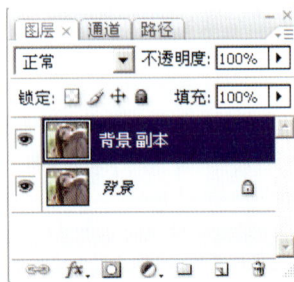

▲图 2-2

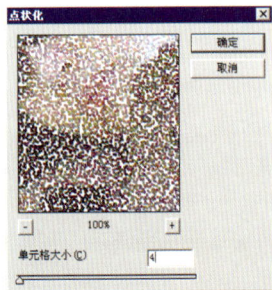

▲图 2-3

3 制作雨点效果。执行[图像 / 调整 / 阈值]命令，在弹出的"阈值"对话框中，阈值设置为最高，单击"确定"按钮，如图2-4所示。将"背景副本"的图层混合模式设置为滤色，效果如图2-5所示。

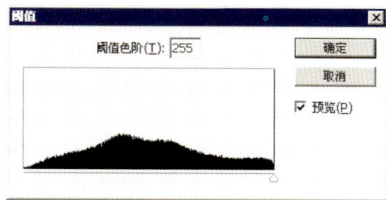

▲ 图 2-4

▲ 图 2-5

4 　模糊雨点。执行[滤镜／模糊／动感模糊]命令，具体参数设置如图 2-6 所示，效果如图 2-7 所示。

5 　对雨丝进行锐化。执行[滤镜／锐化/USM 锐化]命令，具体参数设置如图 2-8 所示，效果如图 2-9 所示。

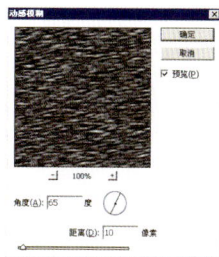

▲ 图 2-6

▲ 图 2-7

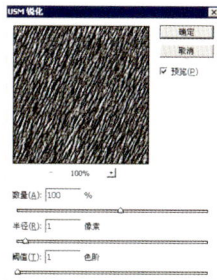

▲ 图 2-8

▲ 图 2-9

6 　加强雨滴的对比度。执行[图像/调整/曲线]命令，在弹出的"曲线"对话框中，如图 2-10 所示进行具体设置。执行[滤镜／模糊／动感模糊]命令，将距离设置为 20，单击"确定"按钮，最终效果如图 2-11 所示。

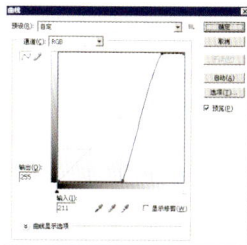

▲ 图 2-10

▲ 图 2-11

03 为照片添加下雾效果

想象一下，一条河、一个人、黎明时分，雾气覆盖在水面上。雾能为图片添加神秘、诱人的感觉，但能够拍摄到这种场景的机会却不多，本实例将学习如何在普通的图片中添加雾气的效果。

▲ 处理前

▲ 处理后

① 打开照片。执行[文件/打开]命令，选择需要添加下雾效果的照片，单击"打开"按钮，如图35-1所示。

② 制作出云彩图层。单击"创建新图层"按钮，创建一个新的图层，如图35-2所示。执行[滤镜/渲染/云彩]命令，单击"确定"按钮，如图35-3所示。

▲ 图35-1

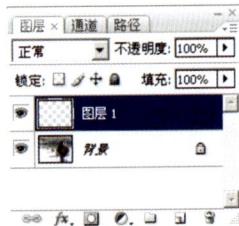
▲ 图35-2

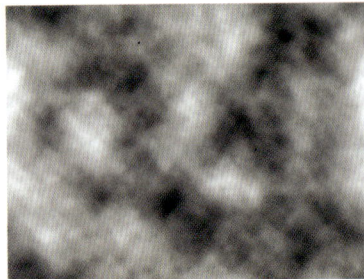
▲ 图35-3

③ 选择"图层1"，将"图层1"的图层混合模式设置为"滤色"，如图35-4所示。单击"添加图层蒙版"按钮，选择"画笔工具"，将前景色设置为黑色，背景色设置为白色，画笔大小为300，硬度为0，不透明度为50%，然后在人物图像处单击，使人物变得清晰些，如图35-5所示。

▲ 图 35-4

▲ 图 35-5

04 夏天变秋天的制作效果

　　每个季节都有它不同的美，对摄影师来说，春天是清爽自然的季节，而秋天是最富色彩、最美丽的季节，在本实例中将春天清新自然的天气改变为色彩丰富的秋天。

▲ 处理前

▲ 处理后

1　　打开照片文档。执行[文件/打开]命令，选择需要处理的照片，单击"打开"按钮，如图**5-1**所示。复制"背景"图层，得到"背景副本"图层，如图**4-2**所示。

▲图 4-1

▲图 4-2

2 选择"背景副本"图层，单击"添加图层蒙版"按钮 ，设置前景色为黑色，背景色为白色，使用
"画笔工具" 在除人物以外的地方涂抹，如图 4-3 所示。选择"背景"图层，执行[选择/全选]命令，或按
[Ctrl+A]组合键将图片全部载入选区，按下[Ctrl+C]组合键，将选区复制，选择"通道"面板，单击创建新
通道工具 ，新建通道 Alpha1 通道，如图 4-4 所示。

3 选择新建的 Alpha1 通道，按[Ctrl+V]组合键粘贴选区，如图 4-5 所示。再按住[Ctrl]键单击 Alpha1 通
道，就会出现新的选区，如图 5-6 所示。

▲图 4-3

▲图 4-4

▲图 4-5

▲图 4-6

4 按[Ctrl+C]组合键。复制当前选区，切换到图层面板，单击“创建新图层”按钮，按[Ctrl+V]组合键粘贴选区，如图4-7所示。将“图层1”拖曳到“背景副本”图层的下面，如图4-8所示。

图 4-7

图 4-8

5 选择“图层1”，执行[图层/新建填充图层/纯度]命令，在弹出的“新建图层”对话框中将进行设置，如图4-9所示。填充颜色后，图像的最终效果如图4-10所示。

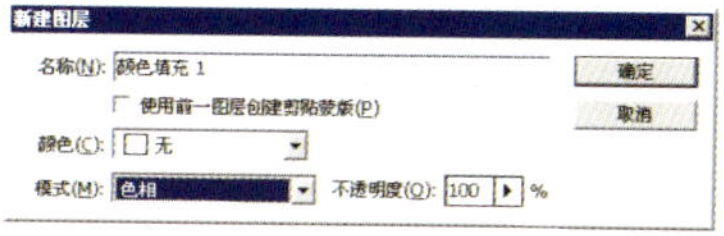

图 4-9

图 4-10

05 添加烟火效果

我们平时拍摄夜景，往往都不会碰到燃放烟花的场景，而每逢过节的时候可能见到烟花，烟花在空中会给拍出来的场景添加色彩，本例就为一张平凡的图片添加烟花。

处理前

处理后

1 打开照片文档。执行[文件/打开]命令，选择需要处理的照片，以及需要添加的烟火素材，单击"打开"按钮，如图5-1和图5-2所示。复制"背景"图层，得到"背景副本"图层。

2 将烟火图片拖夜到照片文件中，执行[编辑/自由变换]命令，或按[Ctrl+T]组合键，调整烟花的大小位置，按"Enter"键确认操作，如图5-3所示。将此图层的混合模式设置为"变亮"。

▲图5-1

▲图5-2

▲图5-3

3 复制烟火图层到通道。选择烟火图层，执行[选择/载入选区]命令，或按[Ctrl+A]组合键，全部选择，按[Ctrl+C]组合键复制选区，切换到通道面板，单击"创建新通道按钮"，得到新通道"Alpha 1"，按[Ctrl+V]组合键粘贴选区，如图5-4所示。

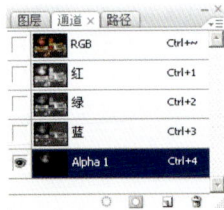
▲图5-4

4 按住[Ctrl]键单击通道 Alpha 1，调出其选区如图5-5所示。切换到图层面板，选择烟火图层，执行[选择/反选]命令，或按[Ctrl+Shift+I]组合键执行反选命令，按[Delete]删除选区，如图5-6所示。

5 调整烟火的大小和位置。执行[图像/调整/亮度/对比度]命令，拖移对比度的滑块加强对比，最终效果如图5-7所示。

▲图5-5

▲图5-6

▲图5-7

06 室外照变室内照

在室内拍摄人物时，如果不打灯光，摄影师就无法对焦或无法捕捉人物的表情，所以拍摄起来很是困难，本图例告诉你如何将在室外拍摄的人物照片变成在室内拍摄的效果。

▲ 处理前

▲ 处理后

1 打开照片文档。执行[文件/打开]命令。在弹出的"打开文件"对话框中，选择需要处理的照片，单击"打开"按钮，如图 6-1 所示的图片。

2 这是一张彩色的室外照片，我们学习把它转为室内照的效果。执行[图像/调整/曲线]命令，或按[Ctrl+M]组合键，在弹出的"曲线"对话框中，用鼠标拖曳曲线来调整图像的明暗度，调整后的效果如图 6-2 所示。

▲ 图 6-1

▲ 图 6-2

③ 复制图层，创建高质量的黑白效果。选择"背景图层"，按[Ctrl + J]组合键复制背景图层，执行[图像/调整/通道混合器]命令，在弹出的"通道混合器"对话框中，勾选"单色"复选框，单击"确定"按钮，如图6-3所示。将此图层的图层混合模式设置为"正片叠底"，效果如图6-4所示。

▲ 图6-3

▲ 图6-4

④ 复制"背景副本"图层，将此图层的混合模式设置为正片叠底，如图6-5所示。单击图层面板右侧的弹出式菜单中选择"拼合图层"命令，如图6-6所示。

▲ 图6-5

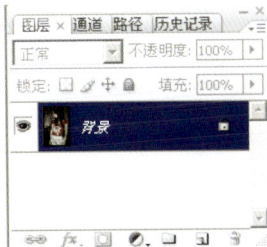
▲ 图6-6

⑤ 选择"加深工具"，在工具选项栏中设置画笔为"柔角笔刷"，范围为"阴影"，适当降低曝光度以压暗背景，如图6-7所示。使用鼠标在画面背景中进行涂抹，以加深背景颜色，直至背景变为暗色，最终效果如图6-8所示。

▲ 图6-7

▲ 图6-8

过去，摄影师想拍摄出带有漫画性质的照片是很难的一件事，现在，电脑轻而易举地就能将一张普通的生活照变为艺术的漫画照。

▲ 处理前

▲ 处理后

1 打开照片文档。执行[文件/打开]命令（或按[Ctrl+O]组合键），在弹出的"打开"对话框中，单击照片文档，单击"打开"按钮，如图7-1所示。

▲ 图 7-1

2 复制"背景"图层。单击"背景"图层，将其拖动到"创建新图层"按钮，得到"图层1"，如图7-2所示。

▲ 图 7-2

3 执行[滤镜/液化]命令，在弹出的"液化"对话框中，如图7-3所示调整画笔大小与强度，在图像中涂抹，尽量夸张人物具特点的部分。

4 涂抹完毕后，单击"确定"按钮，将变形的人物重复复制两个。执行[滤镜/风格化/照亮边缘]命令，单击"确定"按钮，如图7-4所示。

▲图7-3

▲图7-4

5 执行[图像/调整/反相]命令，得到的图像效果如图7-5所示。

6 单击复制得到的"背景副本2"，执行[图像/调整/去色]命令，改变其图层混合模式为"颜色加深"，得到如图7-6所示效果。

▲图7-5

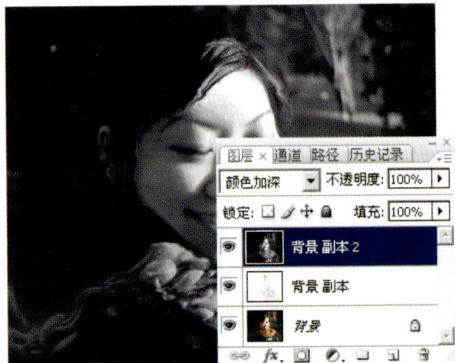

▲图7-6

7 更改图层混合模式后的图像效果如图 **7-7** 所示。为了更突出人物脸部的特征，还要将不必要的部分裁切掉。

8 选择工具箱中的 "裁切工具" ，在图像中拖动鼠标，裁切完毕后的图像效果如图 **7-8** 所示。

▲ 图 7-7

▲ 图 7-8

08 制作插画效果

插画的含义是 "照亮"，不难看出，插画的存在是为了增加刊物中文字所给予的趣味性。既要体现出情节的发展，又要包含画家自身的理解，这也是插画的独特所在，本例就将一张普通的人物照片制作成插画的效果。

▲ 处理前

▲ 处理后

1 打开照片文档。执行[文件 / 打开]命令，选择需要制作效果的照片，单击 "打开" 按钮，如图 **8-1** 所示。复制背景图层，按[Ctrl+J]组合键可直接进行复制，执行[滤镜 / 纹理 / 颗粒]命令，在弹出的 "颗粒" 对话框中将 "类型" 设置为 "斑点"，对比度设置为 "最大"，单击 "确定" 按钮，如图 **8-2** 所示。

▲ 图 8-1

▲ 图 8-2

2 执行[图像/调整/色阶]命令，或按[Ctrl+L]组合键，在弹出的"色阶"对话框中，拖动右边白色的滑块，使其呈现淡彩效果，如图8-3所示。

3 执行[图像/调整/色相/饱和度]命令，在弹出的"色相/饱和度"对话框中，降低饱和度值，最终效果如图8-4所示。

▲ 图 8-3

▲ 图 8-4

09 制作速绘效果

学画画的人可能以为速绘是件简单的事情，可对于一些没学过画画的人们来讲，就比较困难了。通过本例的学习，可以将那些不会画画的人们创造出一个很好的处理速绘照片的方法。

▲ 处理图

▲ 效果图

1 打开照片文档。执行[文件/打开]命令，在弹出的"打开"对话框中，选择要进行处理的照片文档，单击"打开"按钮，如图9-1所示。执行[滤镜/模糊/特殊模糊]命令，参数设置如图9-2所示。

▲ 图9-1

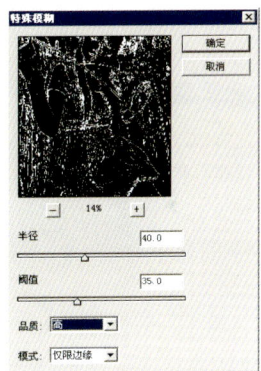
▲ 图9-2

2 执行[选择/色彩范围]命令，在弹出的"色彩范围"对话框中，单击黑色区域，单击"确定"按钮，如图3-3所示。其效果如图3-4所示。

3 将选区填充为白色，效果如图9-5所示。执行[选择/反选]命令，或按[Ctrl+Shift+I]键，将反选后的选区填充为黑色，最终效果如图9-6所示。

▲图9-3

▲图9-4

▲图9-5

▲图9-6

10 制作水彩效果

对一张普通的照片，使用特殊模糊和高斯模糊滤镜，制作出图像模糊效果。水彩滤镜的应用增添了图像的水彩效果，再修改图层混合模式，使图像之间完美地结合。

▲处理前

▲处理后

1 打开一张照片文档。执行[文件/打开]命令，或按[Ctrl+O]组合键，在弹出的"打开"对话框中，选择需要进行处理制作的照片，单击"打开"按钮，如图10-1所示。

2 执行[滤镜/模糊/特殊模糊]命令，在弹出的"特殊模糊"对话框中，调整各项参数值，具体参数设置如图 10-2 所示。设置完毕后，单击"确定"按钮，应用模糊滤镜后的图像效果如图 10-3 所示。

▲图 10-1

▲图 10-2

▲图 10-3

3 执行[滤镜/艺术效果/水彩]命令，在弹出的"水彩"对话框中，调整各项参数值，具体参数设置如图 10-4 所示。设置完毕后，单击"确定"按钮，如图 10-5 所示。

4 执行[编辑/消褪水彩]命令，在弹出的"消褪水彩"对话框中，将不透明度设置为 50%，模式设置为"颜色加深"，单击"确定"按钮，效果如图 10-6 所示。

▲图 10-4

▲图 10-5

▲图 10-6

5 单击图层面板中的"创建新的填充或调整图层"按钮，执行[图像/调整/亮度/对比度]命令，在弹出的"亮度/对比度"对话框中，调整各项参数，如图 10-7 所示。得到的图像效果如图 10-8 所示。

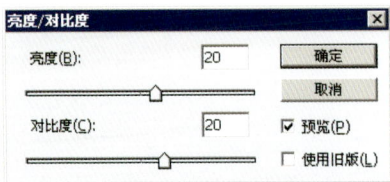

亮度/对比度

亮度(B): 20
对比度(C): 20

确定
取消
☑ 预览(P)
☐ 使用旧版(L)

▲图 10-7

▲图 10-8

6 单击图层面板中的"创建新的填充或调整图层"按钮, 执行[图像/调整/色相/饱和度]命令, 在弹出的"色相/饱和度"对话框中, 调整各项参数, 如图 10-9 所示。最终效果如图 10-10 所示。

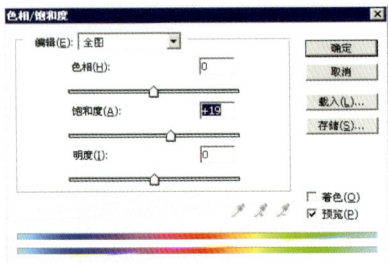

色相/饱和度

编辑(E): 全图
色相(H): 0
饱和度(A): +10
明度(I): 0

确定
取消
载入(L)...
存储(S)...

☐ 着色(O)
☑ 预览(P)

▲图 10-9

▲图 10-10

7 复制图层, 为了使水彩画的效果更加真实, 将"背景"图层拖到图层面板下方的"创建新图层"按钮上, 得到"背景 副本", 如图 10-11 所示。最终效果如图 10-12 所示。

图层× 通道 路径 历史记录

正常 不透明度: 100%
锁定: ☐ ✏ ✛ 🔒 填充: 100%

👁 🖼 背景 副本
👁 🖼 背景

▲图 10-11

▲图 10-12

11 制作动感背景效果

以人物为主的照片，主要是突出人物。而强化人物的五官、虚化背景可以更好地突出人物。这里用"套索"工具把人物勾选上，再利用"滤镜"功能中"动感模糊"制作出动感背景的效果。

▲ 处理前 ▲ 处理后

1 打开一张照片文档。执行[文件/打开]命令，或按[Ctrl+O]组合键，在弹出的"打开"对话框中，选择需要处理的照片，单击"打开"按钮，如图 11-1 所示。

2 单击"磁性套索工具" ，将背景选中，如图 11-2 所示。

▲ 图 11-1 ▲ 图 11-2

3 做动感背景处理。执行[滤镜/模糊/动感模糊]命令，在弹出的"动感模糊"对话框中，设置其参数，具体参数设置如图 11-3 所示。图像效果如图 11-4 所示。

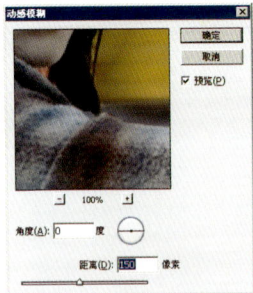

动感模糊

确定
取消
☑ 预览(P)

100%

角度(A): 0　度

距离(D): 150　像素

▲ 图 11-3

▲ 图 11-4

④ 按下[Ctrl+D]组合键取消选区，为了让效果更自然，可以进行适当调整，最终效果如图11-5所示。

▲ 图 11-5

12 制作水墨画效果

古楼、小镇、流水、佳人，构成一幅颇具古典意境的画面，而将此照片制作成水墨画效果，会使其照片更添几分传统的绘画魅力。制作水墨画的关键就是制作出水墨效果的人物轮廓，下面就进行尝试吧。

▲ 处理前！

▲ 处理后！

1 打开一张照片文档。执行[文件/打开]命令，或按[Ctrl+O]组合键，在弹出的"打开"对话框中，选择需要处理的照片文档，单击"打开"按钮，如图 12-1 所示。

2 复制"背景"图层，按[Ctrl+J]组合键复制背景层生成"图层1"，如图 12-2 所示，然后执行[图像/调整/去色]命令，如图 12-3 所示。

▲ 图 12-1

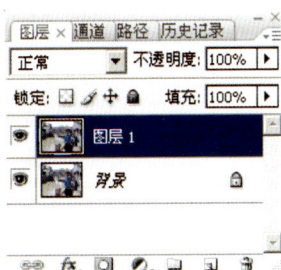
▲ 图 12-2

▲ 图 12-3

3 对图层1进行特殊模糊，执行[滤镜/模糊/特殊模糊]命令，在弹出的"特殊模糊"对话框中，调节半径和阈值的大小，如图 12-4 所示，调节后的图像如图 12-5 所示。

▲ 图 12-4

▲ 图 12-5

4 复制"图层1"，按[Ctrl+J]组合键在图层1的基础上生成"图层1副本"，并设置该图层的混合模式为"叠加"，效果如图 12-6 所示，执行[滤镜/模糊/高斯模糊]命令，在弹出的"高斯模糊"对话框中，设置半径值为4像素，得到的效果如图 12-7 所示。

▲ 图 12-6

▲ 图 12-7

5 丰富画面效果。执行[滤镜/艺术效果/水彩]命令，在弹出得"水彩"对话框中，设置各项参数，具体参数设置如图 12-8 所示，得到的效果如图 12-9 所示。

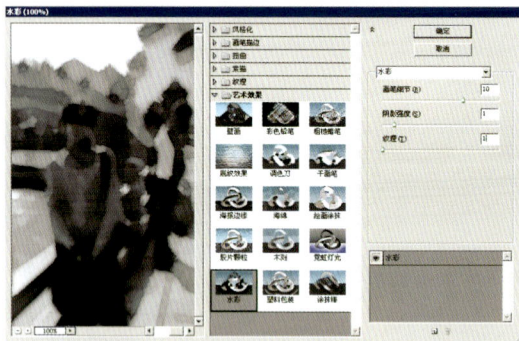

▲ 图 12-8

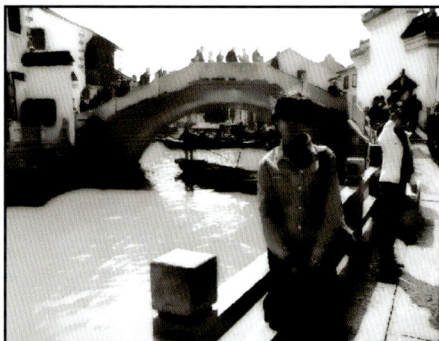

▲ 图 12-9

6 设置水彩效果后，图像中的墨色有些过浓，需要减退一些。执行[编辑/消退水彩]命令，弹出得"消退"对话框，进行不透明度的调节，如图 12-10 所示，调节后的图像如图 12-11 所示。

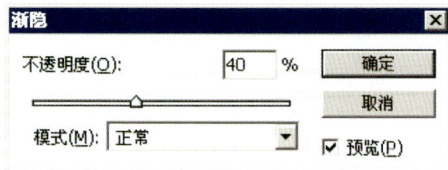

▲ 图 12-10

7 在图层面板中单击"创建新的填充和调整图层"按钮，在弹出的菜单中选择"曲线"命令，在弹出"曲线"对话框中进行调节，如图 12-12 所示，得到最终效果如图 12-13 所示。

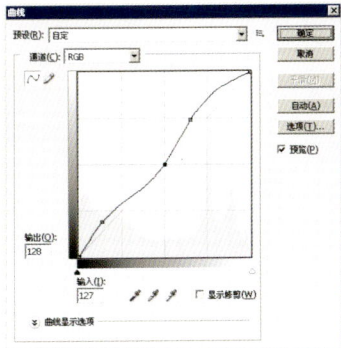

▲ 图 12-11　　　　　▲ 图 12-12　　　　　▲ 图 12-13

13　制作水面倒影效果

在合成图像时，可以从原始图像中将人物勾选出来，再将其移到要制作投影的画面中，然后，在人物中创建或润色倒影部分，从而获得倒影效果。

▲ 处理前　　　　　▲ 处理后

1 打开符合需要的照片文档。执行[文件/打开]命令，或按[Ctrl+O]键，在弹出的"打开"对话框中，选择需要的照片，单击"打开"按钮，如图 13-1 和图 13-2 所示。

▲图 13-1

▲图 13-2

2 将人物照片复制到景物照片中，目的在于创建人物倒像，如图13-3所示。执行[编辑/自由变换]命令，或按[Ctrl+T]组合键，调整人物的大小比例，如图13-4所示，按"Enter"键确认操作。

▲图 13-3

▲图 13-4

3 单击"添加图层蒙板"按钮，再单击"画笔工具"按钮，调整合适的大小，单击涂抹人物的背景，将人物与背景隔离，如图 13-5 所示。

4 制作人物倒映。将人物图层拖曳到"创建新图层"按钮上，复制新图层，执行[编辑/变换/垂直翻转]命令，将它放到倒影的位置上，如图13-6 所示。

▲图 13-5

▲图 13-6

5 靠近脚的部分不可能出现在倒影中，单击"矩形选框工具"，选取要除去的部分，如图 13-7 所示。执行[选择/羽化]命令，参数设置如图 13-8 所示。

▲图 13-7

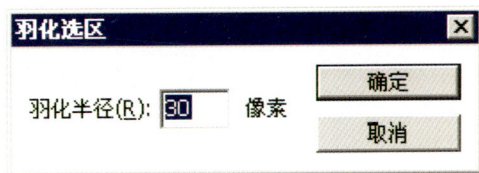
▲图 13-8

6 按下[Delete]键，将选区内的图像删除，取消选区。执行[滤镜/模糊/动感模糊]命令，在弹出的"动感模糊"对话框中，设置其模糊参数，具体参数设置如图 13-9 所示，图层混合模式设置为"叠加"，最终效果如图 13-10 所示。

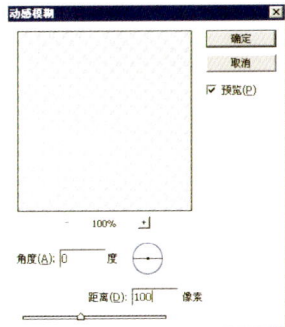
▲图 13-9

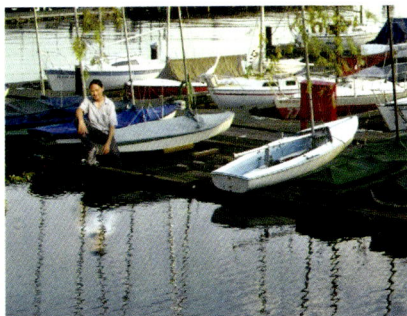
▲图 13-10

14 制作日落色调效果

出去旅游时，白天会看到某些建筑物很美，不知道日落时分的景色是不是和白天一样的美。现在不用担心，您也可以看到日落的景象了，本例就将一张白天的照片变为日落的照片。

▲ 处理前

▲ 处理后

1 打开一张照片文档。执行[文件/打开]命令，或按 Ctrl+O 组合键，在弹出的"打开"对话框中，选择一张正常的日光照片，单击"打开"按钮，如图 14-1 所示。

▲ 图 14-1

2 新建图层。选择图层面板底部的"创建新图层"按钮，创建图层 1。选定图层 1，单击设置前景色，在弹出的"拾色器"对话框中，设置颜色为 d85711，如图 14-2 所示。按[Alt+Delete]组合键用前景色填充画面，设置图层的混合模式为"叠加"，如图 14-3 所示。

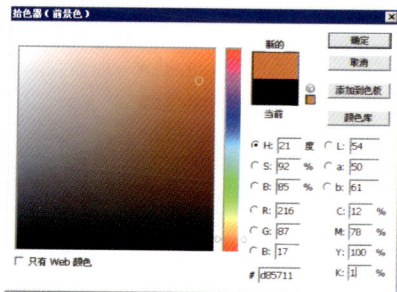

▲ 图 14-2

▲ 图 14-3

3 图层渐变。选择"图层 1",执行[图层 / 新填充图层 / 渐变]命令,在弹出的"新图层"对话框中,单击"确定"按钮。设置弹出的"渐变填充"对话框"样式"为"线形","角度"为-90,"缩放"为100,勾选"与图层对齐"复选框,单击"确定"按钮,如图 14-4 所示。效果如图 14-5 所示。

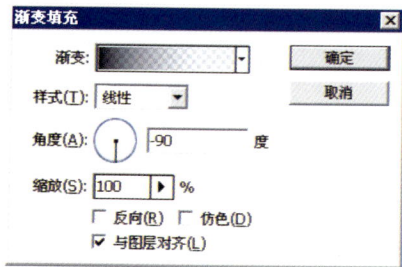

▲ 图 14-4

▲ 图 14-5

4 调节图层的色相/饱和度。按[Ctrl]键的同时点击渐变图层蒙版缩览图,这时可以得到一个选区,执行[图层 / 新调整图层 / 色相 / 饱和度]命令,在弹出的"新图层"对话框中,单击"确定"按钮,在弹出的"色相 / 饱和度"对话框中设置"色相"为20,"饱和度"为50,"明度"为10,如图 14-6 所示,单击"确定"按钮。再按[Ctrl+D]组合键取消选区,图像效果如图 14-7 所示。

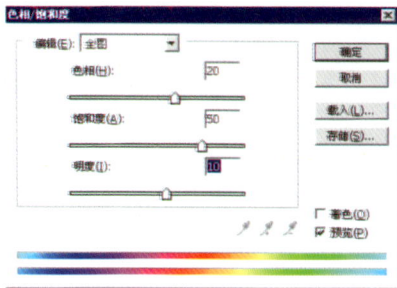

▲图 14-6

▲图 14-7

5 调整图层的色阶。选择渐变图层，按[Ctrl]键的同时点击渐变图层蒙版缩览图，得到刚才渐变转化的选区。执行[图层／新调整图层／色阶]命令，在弹出的"新图层"对话框中，单击"确定"按钮，在弹出的"色阶"对话框中，输入色阶的数值为50、0.70、200，如图14-8所示。单击"确定"按钮。按[Ctrl+D]组合键取消选区。本例的最终效果如图14-9所示。

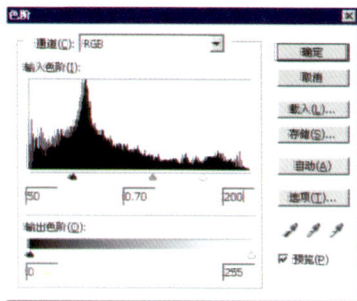

▲图 14-8

▲图 14-9

15 制作反转片效果

反转片效果是指那种获得色彩透明的特殊效果，本例就将一张普通的建筑楼制作成高反转片的效果，主要用"应用图像"命令来完成制作。

▲ 处理前

▲ 处理后

1 打开照片文档。执行[文件/打开]命令，或按[Ctrl+O]组合键，在弹出的"打开"对话框中，选择照片，单击"打开"按钮，如图 15-1 所示。

2 进入通道面板，选择蓝色通道，执行[图像/应用图像]命令，在弹出的"应用图像"对话框中，勾选"反相"复选框，混合模式设置为"正片叠底"，不透明度设置为50％，参数设置如图 15-2 所示。效果如图 15-3 所示。

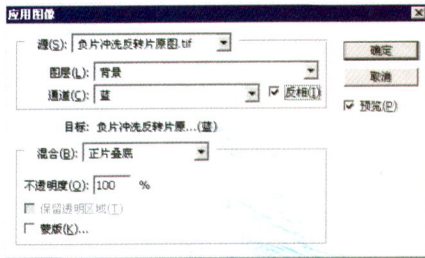

▲ 图 15-1

▲ 图 15-2

▲ 图 15-3

3 进入通道面板，选择绿色通道，执行[图像/应用图像]命令，在弹出的"应用图像"对话框中，勾选"反相"复选框，混合模式设置为"正片叠底"，不透明度设置为20％，参数设置如图15-4所示。效果如图15-5所示。

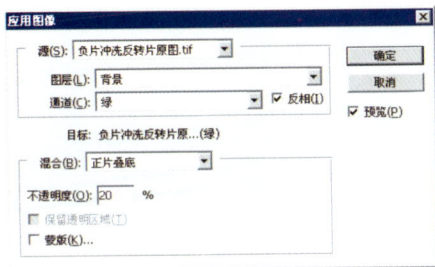

图 15-4

图 15-5

4 进入通道面板，选择红色通道，执行[图像/应用图像]命令，在弹出的"应用图像"对话框中，勾选"反相"复选框，混合模式设置为"颜色加深"，不透明度设置为100％，参数设置如图15-6所示。效果如图15-7所示。

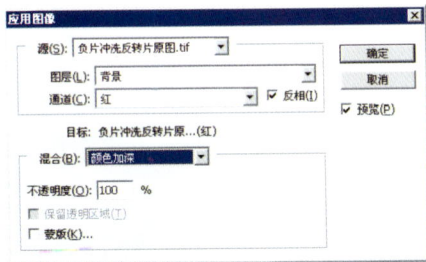

▲图 15-6

▲图 15-7

5 调整红、绿通道中的明暗。切换到图层控制面板，执行[图像/调整/色阶]命令，分别单击红色通道、绿色通道来调整通道的亮部和暗部，具体设置如图15-8和图15-9所示。

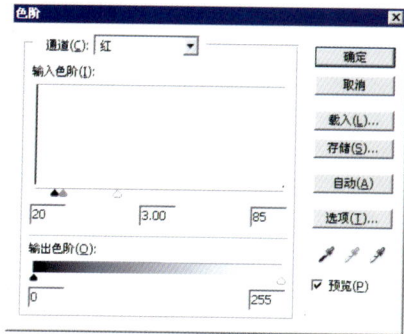

▲图 15-8

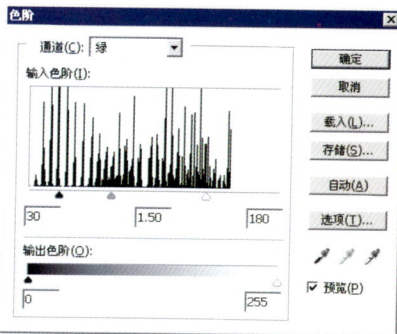

▲图 15-9

6 调整蓝通道中的明暗。切换到图层控制面板，执行[图像/调整/色阶]命令，单击蓝色通道来调整通道的亮部和暗部，具体设置如图 15-10 所示。其调整效果如图 15-11 所示。

7 增加照片的饱和度以及对比度。执行[图像/调整/亮度/对比度]命令，在弹出的"亮度/对比度"对话框中，将对比度适当增加，单击"确定"按钮。执行[图像/调整/色相/饱和度]命令，在弹出的"色相/饱和度"对话框中，将照片的饱和度适当增加，根据具体情况而定，单击"确定"按钮，最终完成效果图如图 15-12 所示。

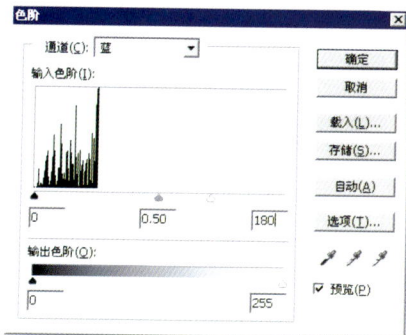

▲图 15-10

▲图 15-11

▲图 15-12

16 制作木版画效果

一张拍摄非常成功的女士照片，很好地体现了其内在的气质。为了使照片多出一些层次感，使用工具箱中的"多边形套索工具"勾选人物，新建图层，再用滤镜中的木刻制作出木版画的效果。

▲处理前　　　　▲处理后

1 打开一张人物照片。执行[文件/打开]命令，选择人物照片，单击"打开"按钮，如图16-1所示。然后要调整照片的亮度，执行[图像/调整/色阶]命令，或按[Ctrl+L]组合键执行色阶命令，在弹出的"色阶"对话框中向左拖拉白色的三角滑块，将图像调亮如图16-2所示。

▲图16-1

▲图16-2

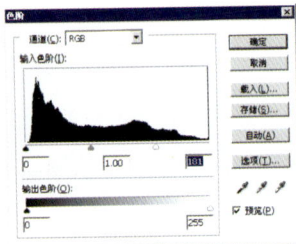

2 复制"背景"图层。在图层面板中选择"背景"图层，将"背景"图层拖曳到"创建新图层"按钮上，系统将自动新建一个"背景副本"图层，如图16-3所示。

3 调整照片的亮度。执行[图像/调整/色阶]命令，在弹出的"色阶"对话框中，如图16-4所示进行设置。单击"确定"按钮，得到的图像效果如图16-5所示。

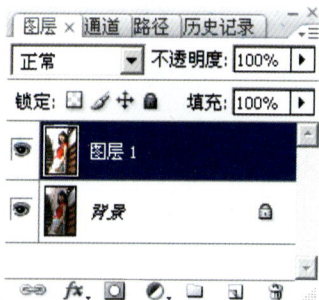

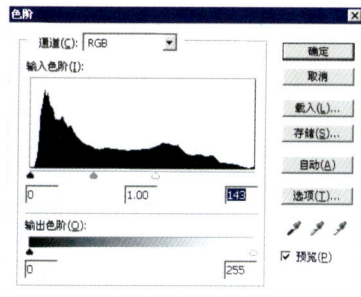

3 对"背景副本"图层应用"木刻"滤镜效果。在图层面板中选择"背景副本"图层，执行[滤镜/艺术效果/木刻]命令，在弹出的"木刻"对话框中，如图16-6所示进行设置。单击"确定"按钮，得到的图像效果如图16-7所示。

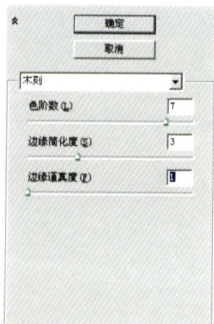

4 改变图像的颜色。执行[图像/调整/色相/饱和度]命令，在弹出的"色相/饱和度"对话框中移动滑块调整图像的颜色，如图16-8所示。调整图像的颜色是任意的，可以根据自己搭配的颜色进行设置。效果如图16-9所示。

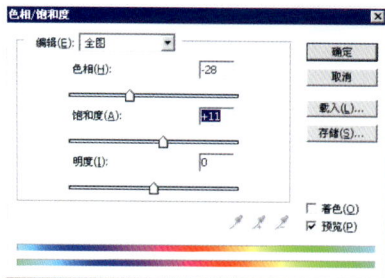
▲ 图 16-8

▲ 图 16-9

5 框选人物边缘。选择工具箱中的"多边形套索工具" ，将人物的边缘框选，如图 16-10 所示。然后按[Ctrl+C]键执行复制命令，再按下[Ctrl+V]组合键执行粘贴命令，将人物复制到一个新的图层中，此图层被系统默认为"图层 1"，（或按[Ctrl+J]组合键，可将选区直接复制，从而得到新图层）如图 16-11 所示。

6 将复制的人物图层改变颜色。在图层面板中，选择"图层 1"，确定"图层 1"为当前编辑图层，执行[图像/调整/色相/饱和度]命令，在弹出的"色相/饱和度"对话框中调整人物图像的颜色，如图 16-12 所示。

▲ 图 16-10

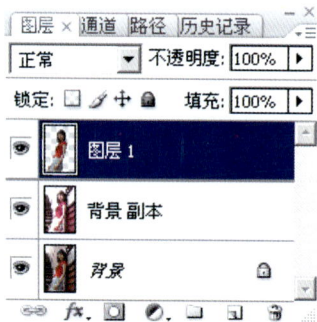
▲ 图 16-11

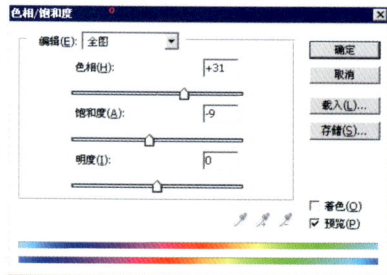
▲ 图 16-12

7 人物颜色调整。再次复制一个背景图层并设置图层混合模式。在图层面板中选择"背景"图层，将其直接拖曳到"创建新图层"按钮上，系统将自动新建一个"背景副本 2"图层，把此图层拖曳到最上层，设置图层混合模式为"点光"，如图 16-13 所示。画面效果如图 16-14 所示。

8 　在图层面板中，单击"创建新图层"按钮 ，新建一个"图层2"。选择工具箱中的矩形选框工具 ，将前景色设置为白色，按住[Shift]键在图像中拖拉几个矩形选区，按[Alt+Delete]组合键填充前景色，按[Ctrl+D]键取消选区，将此图层的混合模式设置为"叠加"，如图16-15和图16-16所示。

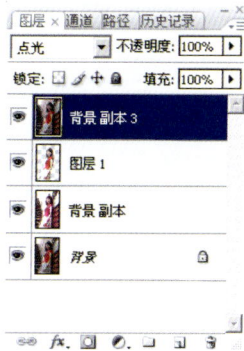

▲图16-13　　　　▲图16-14　　　　▲图16-15　　　　▲图16-16

9 　在图层面板中，单击"创建新图层"按钮 ，新建一个"图层3"。选择工具箱中的矩形选框工具 ，将前景色设置为白色，在图像边缘再次拖拉矩形选区，按[Alt+Delete]组合键填充前景色，按[Ctrl+D]组合键取消选区，将此图层的混合模式设置为"叠加"，将"图层3"拖曳到"创建新图层"按钮 上，新建一个"图层3副本"，效果如图16-18所示。

10 　添加文字。选择工具箱中的"直排文字工具" ，适当设置字体的大小、字体、行距和颜色，在图像中输入文字，文字效果根据自己的需要添加，如图16-19所示。

▲图16-18　　　　▲图16-19

17 人物线描彩绘效果

将一张普通的个人生活照制作成线描彩绘的效果，可以体现出人物的内在美。本例是用滤镜中的"素描"制作出线描彩绘效果的基础，再进一步调整人物的颜色，得到一幅线描彩绘效果作品。

▲ 效果图

▲ 效果图

① 打开一张人物照片。执行[文件/打开]命令，或按[Ctrl+O]组合键，在弹出的"打开"对话框中选择一张照片素材，单击"打开"按钮，如图17-1所示。

▲ 图17-1

② 添加滤镜效果。选择"背景副本"图层为当前图层，执行[滤镜/素描/影印]命令，在弹出的"影印"对话框中设置各项参数如图17-2所示，执行后得到的效果如图17-3所示。

③ 调整色阶。减轻图像中的杂点，执行[图像/调整/色阶]命令，在弹出的"色阶"对话框中设置参数如图17-4所示，执行后得到的效果如图17-5所示。

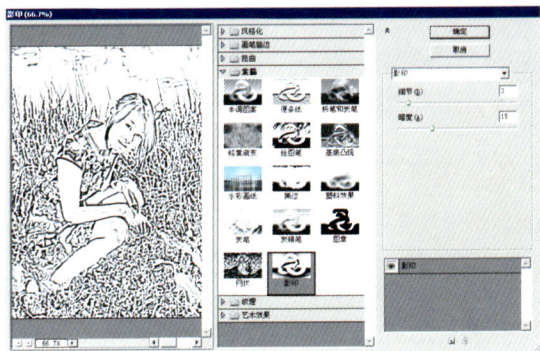

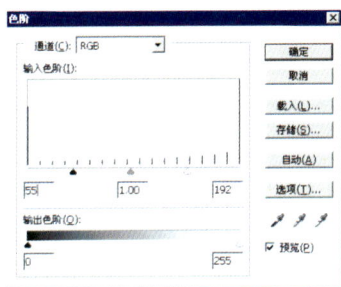

4 改变图层混合模式。在图层面板中选择"背景副本"图层为当前图层，设置图层混合模式为"柔光"。执行后图像会显示出简单的彩绘感觉，图层面板显示如图 17-6 所示，图像效果如图 17-7 所示。

5 绘制嘴唇的亮调部分。选择工具箱中的"画笔工具" ✎ ，在画笔工具选项栏中设置画笔笔触为"8"，模式为"正常"，不透明度为"20%"，如图17-8所示。吸取嘴唇的深红部分。使用工具箱中的"吸管工具"，在人物嘴唇颜色最深的部分单击，吸取颜色。吸取好颜色后，用"画笔工具"在嘴唇的高光部分进行涂抹"，直到满意为止。图像效果如图17-9所示。

▲图17-8

▲图17-9

6 绘制人物的脸颊。使用"画笔工具"，在其工具选项栏中设置模式为"正常"，不透明度为"15%"，流量为"100%"，设置好画笔后，在色板面板上拾取颜色如图17-10所示。用画笔工具涂抹人物的脸颊部分，进行润色。直到满意为止，图像效果如图17-11所示。

▲图17-10

▲图17-11

7 重复绘制人物脸颊。同样使用工具箱中的"画笔工具"，设置不透明度为"10%"，并在色板面板上吸取颜色如图17-12所示。设置好各项后在人物适当位置进行涂抹，直到满意为止，执行后的图像效果如图17-13所示。

▲图17-12

8 减淡图像。在图像中可以看到绘制的脸颊颜色有点深，需要进一步处理。选择工具箱中的"减淡工具" ，适当调整笔触的大小，在人物脸颊中颜色深的位置进行涂抹，给以减淡处理。执行后得到最终的效果如图 17-14 所示。

▲图 17-13

▲图 17-14

10 制作自己的肖像喷绘

用一张充满朝气的女士照片来制作肖像的喷绘效果，使用"钢笔工具"勾出肖像的外轮廓，在蒙版中调整"阈值"得到需要填充的区域；使用"云彩"和"查找边缘"滤镜，制作出肖像喷绘的粗糙感。

▲处理前

▲处理后

1 打开制作喷绘人物的照片，执行[文件/打开]命令，或按[Ctrl+O]组合键，在弹出的"打开"对话框中，选择需要的照片文档，单击"打开"按钮，如图 18-1 所示。将人物轮廓载入选区。单击钢笔工具 ，沿人物画路径，得到的路径如图 18-2 所示。

2 将路径转换为选区。切换至"路径"面版，单击将"路径转为选区"按钮○，执行[选择／反选]命令，或按[Ctrl+Shift+I]组合键反选，然后按[Delete]键去掉选区中的背景图案，如图 18-3 所示。

3 切换至"通道"面版，将"蓝"通道拖到"创建新通道"按钮⌐，得到"蓝 副本"通道，执行[图像／调整／色阶]命令，在弹出的"色阶"对话框中设置如图 18-4 所示，得到效果如图 18-5 所示。

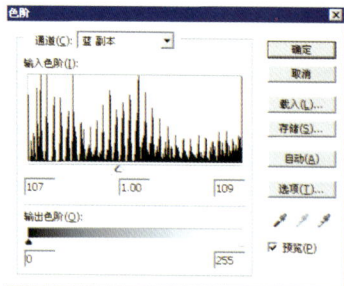

4 然后切换至图层面版，单击"创建新图层"按钮⌐，得到一个新的图层"图层 1"，然后将前景色设置为 R:183、G:0、B:251，按[Alt+Delete]组合键填充选区，得到的效果如图 18-6 所示。

5 单击"创建新通道"按钮⌐，得到一个新的通道"Alpha 1"，执行[滤镜／渲染／云彩]效果，得到如图 18-7 所示的图像效果。执行[滤镜／风格化／查找边缘]命令，得到的效果和通道面板状态如图 18-8 所示。

6 执行[图像/调整/阈值]命令，在弹出的"阈值"对话框中，将数值设置为243，单击"确定"按钮，得到的效果如图18-9所示。

7 按住[Ctrl]键单击通道"Alpha 1"的缩览图，调出其选区，然后按[Ctrl+Shift+I]组合键反选，得到如图18-10所示的选区。切换至图层面版，选择"图层1"，按[Delete]键删除选区中的内容，效果如图18-11所示。

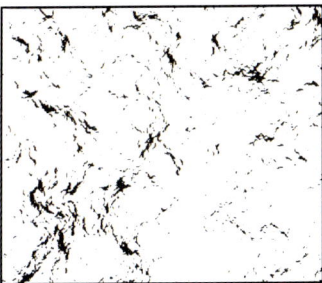 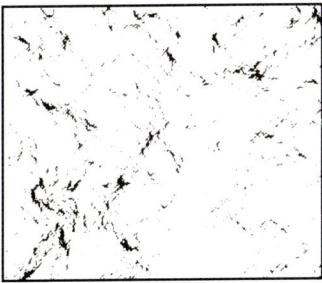 

8 打开一张"喷绘背景"的图片，如图18-12所示。使用"移动工具"，将"图层1"的内容拖移到"喷绘背景"中，得到"图层1"，按[Ctrl+T]组合键调出自由变换框，调节变换框四个角上的变换手柄，调节至合适大小，如图18-13所示。

9 将"图层1"拖到"创建新图层"按钮，得到"图层1副本"图层，将该层的图层模式设置为"排除"，将"图层1"的图层模式设置为"叠加"，得到的效果如图18-14所示。然后按住"Alt"键单击"图层1"和"图层1副本"的中间，完成以上步骤后就可以得到最后的效果，如图18-15所示。

▲图18-14

▲图18-15

19 制作彩虹效果

本例主要应用"渐变工具"给风景照片添加彩虹。选择渐变编辑器中的"透明彩虹"渐变条，然后改变设置，绘制成彩虹圈，再通过图层混合模式的设置和"自动色阶"的调整，制作完成风景中的彩虹。

▲处理前

▲处理后

1 打开照片。执行[文件/打开]命令，在弹出的"打开"对话框中，选择需要添加彩虹效果的照片，单击"打开"按钮，如图19-1所示。

2 定义彩虹渐变色。将前景色设置为黑色，背景色为白色，选择"渐变工具"，单击"可编辑渐变"按钮，选择从黑到白的渐变，在渐变条右侧80%处添加一渐变控制点，设置为黑色，如图19-2所示。

3 继续在 83% 的位置添加一渐变控制点，设置为绿色，如图 19-3 所示。

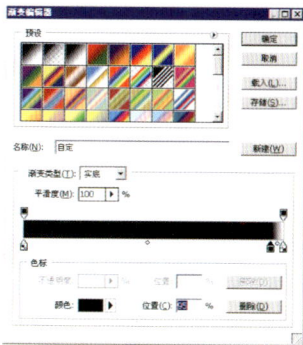

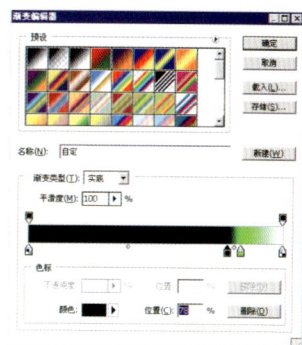

▲图 19-1　　　　　　　　　▲图 19-2　　　　　　　　　▲图 19-3

4 再在 87% 的位置添加一渐变控制点，设置为黄色，如图 19-4 所示。

5 再在 90% 的位置添加一渐变控制点，设置为紫色，如图 19-5 所示。

6 同上在 93% 的位置添加一渐变控制点，设置为橙色，如图 19-6 所示。

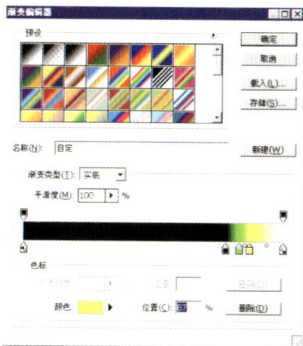

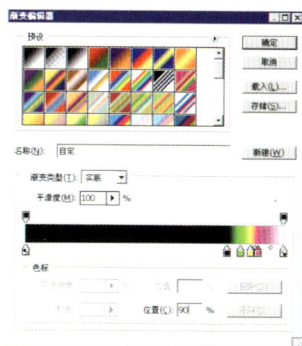

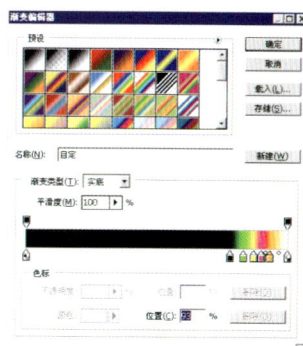

▲图 19-4　　　　　　　　　▲图 19-5　　　　　　　　　▲图 19-6

7 同上在 97% 的位置添加一渐变控制点，设置为蓝色，如图 19-7 所示。

8 创建彩虹的渐变效果。单击"创建新图层"按钮 ，将此图层的图层混合模式设置为"滤色"，选择"渐变工具" ，在新建图层中从下向上拖曳鼠标，得到的渐变效果如图 19-8 所示。执行[图层/添加图层蒙

板 / 显示全部]命令，为彩虹图层添加蒙版，选择"画笔工具"，在被覆盖的部分涂抹，如图 19-9 所示。

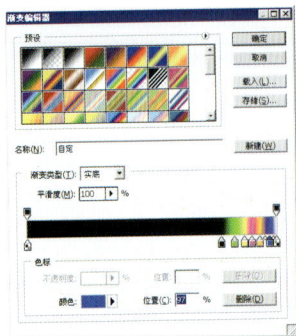

▲ 图 19-7

▲ 图 19-8

▲ 图 19-9

9 调整彩虹细部。执行[滤镜 / 模糊 / 高斯模糊]命令，在弹出的"高斯模糊"对话框中，设置半径为 5，单击"确定"按钮，如图 19-10 所示。将彩虹图层的不透明度设置为 80%，最终效果如图 19-11 所示。

▲ 图 19-10

▲ 图 19-11

Part 04

数码个性应用篇

01 制作自己的肖像邮票

02 普通照片制作证件照

03 制作大头贴照片

04 制作条纹效果的照片

05 利用照片制作名片

06 制作立体背景效果

07 制作电影海报效果

08 制作广告效果

09 制作烧焦的效果

10 制作梦幻背景效果

11 制作日历效果

12 制作文字内镶图像的效果

13 制作杂志封面效果

14 制作个儿主页的技法

01 制作自己的肖像邮票

利用一张普通的
人物照片制作出邮票
风格效果。

▲ 处理前　　　　　　　　　▲ 处理后

1 打开照片文档。执行[文件/打开]命令，或按[Ctrl+O]组合键，在弹出的"打开"对话框中，选择需要制作的文件，单击"打开"按钮，打开的照片文件如图1-1所示。

2 制作朦胧隐约的效果。单击"椭圆选区工具" 🔾，在照片中需要突出表现的部分制定选区，如图1-2所示。执行[选择/反选]命令，或按[Ctrl+T]组合键，将选区反选，设置羽化值为20，自定前景色，以前景色填充选区，如图1-3所示。

▲ 图1-1

▲ 图1-2

▲ 图1-3

3 添加文字。按[Ctrl+D]组合键取消选区。单击"横排文本工具"按钮 T，依次在照片图像上输入"中国邮政"、"CHINA"、"80"和"分"，如图1-4所示。文字的大小、位置以及字体可参照图1-5所示。

▲ 图 1-4

▲ 图 1-5

4 制作锯齿边缘。执行[图像/画布大小]命令，适当增大画布的大小，如图 1-6 所示。单击"创建新图层"按钮 ，新建图层 1，单击"矩形选框工具" ，指定如图 1-7 所示的选区。

▲ 图 1-6

▲ 图 1-7

5 执行[选择/反选]命令，或按[Ctrl+Shift+T]组合键，并用黑色填充。执行[滤镜/扭曲/波浪]命令，具体参数设置如图 1-8 所示。效果如图 1-9 所示。

6 邮戳制作。执行[文件/新建]命令，新建文档，单击"椭圆选框工具" ，按住[Alt+Ctrl]组合键指定正圆选区，如图 1-10 所示。执行[选择/修改/边界]命令，在弹出的"边界选区"对话框中，设置宽度为 6，单击"确定"按钮，填充为黑色，如图 1-11 所示。

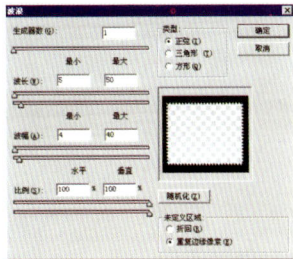

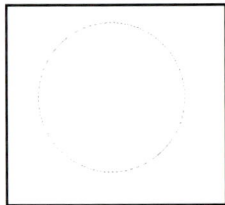
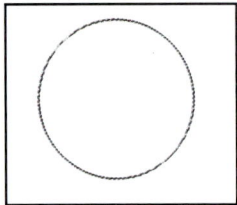

▲ 图 1-8　　　　　　▲ 图 1-9　　　　　▲ 图 1-10　　　　　▲ 图 1-11

7　添加文字。单击"钢笔工具" ，在圆环的上部建立上弧形路径，单击"文本工具"**T**，在弧形路径上双击鼠标，待光标变成有弧形倾向时，输入"北京"字样，如图 1-12 所示。再单击"文本工具"**T**，输入文字"2004.10.1"，如图 1-13 所示。

8　单击"文本工具"**T**，输入文字"朝阳区营业厅"，执行[编辑/自由变换]命令，或按[Ctrl+T]键，将字体拉长，如图 1-14 所示。按[Enter]键确认操作，在文本状态下，单击文本变形按钮，具体设置如图 1-15 所示。

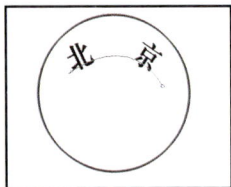

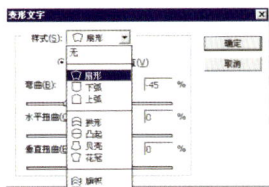

▲ 图 1-12　　　　　▲ 图 1-13　　　　　▲ 图 1-14　　　　　▲ 图 1-15

9　加强邮戳的自然效果。合并除背景以外的图层，执行[选择/色彩范围]命令，将选择设置为高光，单击"确定"按钮，如图 1-16 所示。

10　新建一空白文档。执行[文件/新建]命令，单击"确定"按钮，再单击"横排文本工具"**T**，随便输入两个字，单击"矩形选框工具"按钮 ，将两个字选中，如图 1-17 所示。

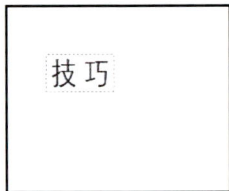

▲ 图 1-16　　　　　　　　　　　▲ 图 1-17

11 执行[编辑/定义画笔预设]命令，设置画笔名称，单击"确定"按钮。激活邮戳文档，将合并过的图层删除只保留选区，单击"铅笔工具"按钮，新建图层，在选区内涂抹，取消选择后，效果如图 1-18 所示。

12 组合邮票。最后将邮戳文档复制到邮票文档中，最终效果如图 1-19 所示。

02 普通照片制作证件照

本例是将普通人物照片制作成证件照效果。主要应用工具箱中的"裁剪工具"、"钢笔工具"抠出证件照的人物部分，自定图案，然后用相应的颜色填充背景，新建文件，再将定义的图案进行填充，得到一组证件照效果。

1 打开一张人物照片。执行[文件 / 打开]命令，或按[Ctrl+O]组合键，在弹出的"打开"对话框中，选择一张人物照片，单击"打开"按钮，如图 2-1 所示。

2 选择人物。单击"背景"图层，按[Ctrl+J]组合键，复制背景图层，将前景色设置为红色，按[Alt+Delete]组合键填充，如图 2-2 所示。单击"添加图层蒙板工具"按钮 □，再单击"画笔工具" ✎，选择合适大小的画笔，在人物背景中单击涂抹，如图 2-3 所示。

▲ 图 2-1

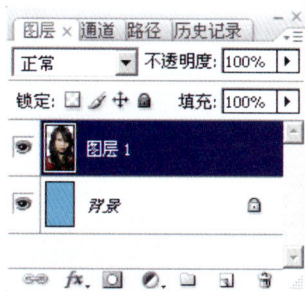

▲ 图 2-2

▲ 图 2-3

3 处理人物轮廓边缘。适当处理人物与背景相接的边缘，使其表现得更加自然，如图 2-4 所示。单击"裁切工具"按钮 ⛏，在"裁切工具"选项栏中设置宽为 2.78 厘米，高为 3.8 厘米，分辨率为 300 像素 \ 英寸，用鼠标在图像中拖曳，如图 2-5 所示。

▲ 图 2-4

▲ 图 2-5

4 按 Enter 键确认操作。可以看见多余的部分被裁切掉，得到的结果如图 2-6 所示。将背景色设置为白色，执行[图像／画布大小]命令，将宽度设置为 3.1 厘米，高度设置为 4.2 厘米，单击"确定"按钮，效果如图 2-7 所示。

▲图 2-6

▲图 2-7

5 单击"矩形选框工具" ，框选包括白边在内的图像，执行[编辑／定义图案]命令，将图案命名为"证件照"，单击"确定"按钮，如图 2-8 所示。新建文档，执行[文件／新建]命令，或按[Ctrl+N]组合键，单击"确定"按钮，再单击"油漆桶工具" ，将选项栏中的填充值设置为"图案"，选择"证件照"图案，在新建文档中单击"确定"按钮，制作完成，如图 2-9 所示。

▲图 2-8

▲图 2-9

03 制作大头贴照片

大头贴照片在年轻人中已经成为一种流行的风景，其实我们在家里也可以将日常生活中的普通照片变成可爱的大头贴照片，本例只需选择大头贴的外形将人物置入到图片中，一张带有个性化的大头贴图片就完成了。

▲ 处理前

▲ 处理后

1 打开照片文档。执行[文件/打开]命令，或按[Ctrl+O]组合键，在弹出的"打开"对话框中，选择一张人物照片和一张大头贴的相框，单击"打开"按钮，如图3-1和图3-2所示。

▲ 图3-1

▲ 图3-2

2 利用"蒙板工具"将人物照片中的背景去掉。单击人物照片文件，按下[Ctrl+J]组合键，复制背景图层，将背景图层填充为红色，如图3-3所示。单击"添加图层蒙板工具"按钮，再单击"画笔工具"按钮，设置合适的画笔，在背景处涂抹，如图3-4所示。

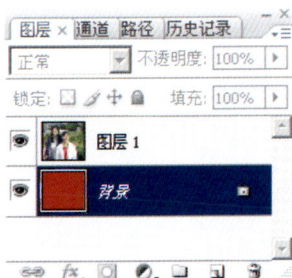

图 3-3

图 3-4

3 将人物载入选区。按住[Ctrl]键，单击添加的图层蒙板，人物立即载入选区，如图3-5所示。按下[Ctrl+C]组合键，单击大头贴背景文档，再按[Ctrl+V]组合键，将复制的选区粘贴到新文档中，如图 3-6 所示。

▲ 图 3-5

▲ 图 3-6

4 调整人物照片的大小。执行[编辑／自由变换]命令，调节人物照片大小，复制背景图层，得到背景副本图层，将人物图层拖曳到两个背景图层中间，如图3-7所示。单击"背景副本"图层，选择"魔棒工具"，再单击相框中白色的部分，如图3-8 所示。

▲ 图 3-7

▲ 图 3-8

5 按[Delete]键，删除空白部分，如图3-9所示。再按[Ctrl+D]键取消选区，进一步移动调整人物照片在相框中的比例，最终结果如图3-10所示。

▲图3-9

▲图3-10

04 制作条纹效果的照片

在众多数码特效中，制作条纹效果的照片是非常常见的，本例利用到了工具箱中的"矩形工具"在画面中制作条纹，将制作好的条纹进行定义，在将其填充到人物图像中，这实人物的条纹效果就制作完成。

▲处理前

▲处理后

1 打开照片。执行[文件/打开]命令，在弹出的"打开"对话框中选择一张人物照片，单击"打开"按钮，如图4-1所示。对图像应用"高斯模糊"滤镜，去掉图像中的颗粒和细小划痕。执行[滤镜/模糊/高斯模糊]命令，在弹出的"高斯模糊"对话框中将半径值设置为1像素，效果如图4-2所示。

▲ 图 4-1

▲ 图 4-2

2 复制背景图层。将背景图层拖曳到"创建新图层"按钮┛上,系统将自动新建一个"背景副本"图层。在图层面板中选择"背景"图层,执行[滤镜/艺术效果/木刻]命令,在弹出的"木刻"对话框中进行设置,具体参数如图 4-3 所示。单击"确定"按钮,得到的效果如图 4-4 所示。

▲ 图 4-3

▲ 图 4-4

3 在"背景副本"图层中使用"干画笔"效果。单击"背景副本"图层,执行[滤镜/艺术效果/干画笔]命令,在弹出的"干画笔"对话框中如图 4-5 所示进行设置。单击"确定"按钮,得到的效果如图 4-6 所示。

▲图 4-5

▲图 4-6

④ 设置背景副本的图层混合模式。在图层面板中，将"背景副本"的图层混合模式设置为"叠加"。这样，把应用了干画笔的图层叠加在木刻效果上，如图4-7所示，效果如图4-8所示。也可以尝试应用其他滤镜，并改变图层混合模式的效果。

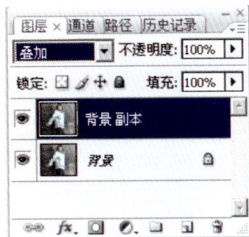

▲图 4-7

▲图 4-8

⑤ 制作条纹图案。单击"创建新图层"按钮，新建一个"图层1"。选择铅笔工具，把画笔大小设置为1像素。按[D]键，系统将自动将前景色和背景色设置为黑色与白色，绘制两种颜色各占3个像素的图案，如图4-9所示。

▲图 4-9

6 定义图案。在图层面板中，按住[Ctrl]键单击图层1，如图4-10所示。调出图案的选区后，执行[编辑/定义图案]命令，在弹出的"图案名称"对话框中，输入"图案"名称，如图4-11所示。

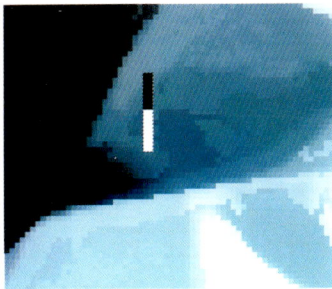

▲图4-10

▲图4-11

7 按下[Delete]键删除选区内的部分，再按[Ctrl+D]键消除选区，执行[编辑/填充]命令，在弹出的"填充"对话框中如图4-12所示进行设置，单击自定图案的弹出式按钮，选择定义好的图案，单击"确定"按钮，把保存好的图案应用到"图层1"上，效果如图4-13所示。

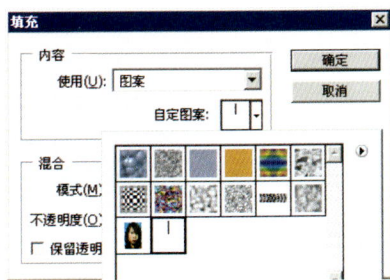

▲图4-12

▲图4-13

8 把图案与人物图像进行合成。在图层面板中，将"图层1"的混合模式设置为"柔光"，如图4-14所示。线条就和人物图像自然地合成在一起，得到的图像效果如图4-15所示。

图 4-14

图 4-15

9 调整条纹的明暗效果。设置图层混合模式后的条纹有些亮，单击图层面板下方的"添加图层蒙版"按钮 ，选择"渐变工具" ，在渐变工具选项栏中选择"从黑到透明"的渐变，在图像中由右上方向左下方拖拽鼠标。因此，图像的上部显示的线形图案就会减淡，效果如图 4-16 所示。

10 在图像中添加文字。选择工具箱中的"直排文字工具"，设置适当的字体、大小、行距及颜色，在图像上添加简单的文字，就完成了整个图像的制作，最终的效果如图 4-17 所示。

图 4-16

图 4-17

05 利用数码照片制作名片

使用自己的照片制作个人名片是个很不错的选择，而制作具有古老而又怀旧的名片效果也很简单。将个人的生活照进行处理，然后将其在名片中添加相应的相关信息，这时，个性名片就制作完成。

▲处理前　　▲处理后

1 在文件中打开照片。执行[文件/打开]命令，选择一张人物照片，单击"打开"按钮，如图 5-1 和图 5-2 所示。在图层面板中选择"背景"图层，将此图层直接拖曳到"创建新图层"按钮 上，系统将自动新建一个"背景副本"图层。

▲图 4-1

▲图 4-2

2 自动调整图像的颜色。执行[图像/调整/自动颜色]命令，或按[Ctrl+Shift+B]组合键执行"自动颜色"命令，对图像的颜色进行修补，效果如图 5-3 和图 5-4 所示。

图 4-3

▲图 4-4

3 应用"高斯模糊"滤镜。执行[滤镜 / 模糊 / 高斯模糊]命令，在弹出的"高斯模糊"对话框中将半径值设置为 5 像素，如图 5-5 和图 5-6 所示。设置完毕后单击"确定"按钮。

▲图 4-5

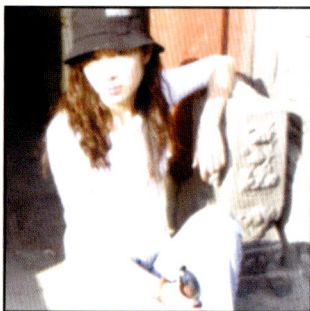

▲图 4-6

4 再次复制"背景副本"图层。在图层面板中，选择"背景副本"图层，将此图层两次拖拽到"创建新图层"按钮上，建立两个新的图层。这时，背景和人物的合成效果就会更加明显，适当的时候可以更换图层的混合模式，颜色就会非常鲜明，如图 5-7 和图 5-8 所示。

5 编排图像的位置以及大小。将处理好的两张照片图像分别合并图层，然后安排在画面中，执行[编辑 / 自由变换]命令，或按[Ctrl+T]键，缩放图像，可以根据具体情况任意摆放，完成效果如图 5-9 所示。

▲图4-7

▲图4-8

▲图4-9

6 对两幅照片图片分别做不同的效果处理。对画面中的小照片执行[滤镜/风格化/查找边缘]命令，如图5-10所示。对较大的照片执行[滤镜/艺术效果/海报边缘]命令，其效果如图5-11所示。

图4-10

图4-11

7 单击"创建新图层"按钮，设置自己喜欢的前景色，按[Alt+Delete]组合键，填充前景色，将此图层的混合模式设置为"变暗"，如图5-12所示。进一步编排缩放。单击"横排文字工具"按钮**T**，在文档中输入名片上必要的文字，并适当设置文字的字体和大小，颜色自定，得到的最终效果如图5-13所示。

图 4-12

图 4-13

06 制作立体背景效果

制作一个漂亮的相框，将拍摄的照片置入其中，是一种很好的照片展示。添加图层样式、图层蒙版，再做出边框的质感和立体感；利用变换命令，将各个点的边角调整出正确的方向。

▲ 处理前

▲ 处理后

1 打开一张人物照片。执行[文件 / 打开]命令，或按[Ctrl+O]键，在弹出的"打开"对话框中，选择一张人物照片，单击"打开"按钮，如图 6-1 所示。打开素材中一张漂亮的底图用来搭配照片，如图 6-2 所示。

▲图 6-1

▲图 6-2

② 编辑背景层。在"图层"面板中双击"背景"层，在弹出的"新图层"对话框中，单击"确定"按钮，将此图层保存为"图层0"。将人物照片拖曳到背景图片文档中，执行[编辑/自由变换]命令，对照片自由变换直到满意为止，如图6-3所示。

③ 为照片添加相框。按[Ctrl]键单击人物照片图层，则当前图层载入选区，如图6-4所示。执行[选择/修改/扩边]命令，在弹出的"扩边对话框"中输入30像素，单击"确定"按钮，这时选区被扩大，按住Ctrl+Alt组合键单击人物照片图层，则当前选区如图6-5所示。

▲ 图6-3 ▲ 图6-4 ▲ 图6-5

④ 制作边框效果。单击"创建新图层"按钮◻，将前景色设置为白色，按下[Alt+Delete]组合键将选区填充为前景色，如图6-6所示。执行[滤镜/模糊/动感模糊]命令方向与照片方向平行，将距离设置为30，单击"确定"按钮，按[Ctrl+D]组合键取消选区，效果如图6-7所示。

▲ 图6-6 ▲ 图6-7

⑤ 添加图层样式。在图层面板中，选择"图层1"，单击图层面板下方的"添加图层样式"按钮ƒ，在弹出的下拉式菜单中选择"投影"命令，在弹出的对话框中如图6-8所示进行设置，另外，还可以根据自己的需要将背景的一部分突出出来，得到的最终效果如图6-9所示。

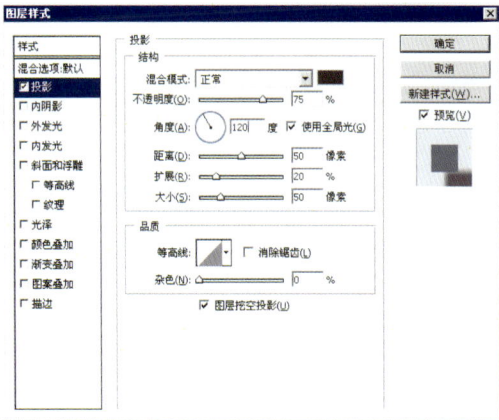

▲ 图6-8

▲ 图6-9

07 制作电影海报效果

电影海报随处可见，画中人物醒目动人，可那些都不是自己的。怎样才能将自己的照片制作成海报呢？下面我们利用两张人物生活照来制作海报效果。

▲ 处理前 ↑

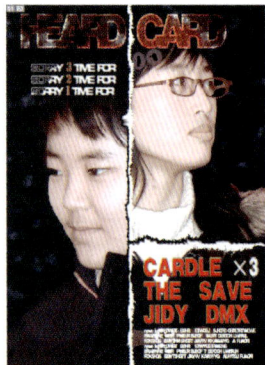

▲ 处理后 ↑

1 打开照片文档。执行[文件/打开]命令，或按[Ctrl+O]组合键，在弹出的"打开"对话框中，选择一张照片，单击"打开"按钮。如图 7-1 所示。根据具体制作，需要打开另一张照片文档，如图 7-2 所示。

▲ 图 7-1

▲ 图 7-2

2 单击"魔棒工具"按钮，将容差设置为50，按住[Shift]键单击照片中人物背景部分，如图7-3所示。执行[文件／新建]命令，或按[Ctrl+N]组合键，在弹出的"新建"对话框中，设置参数，单击"确定"按钮，具体参数设置如图7-4所示。

▲ 图 7-3

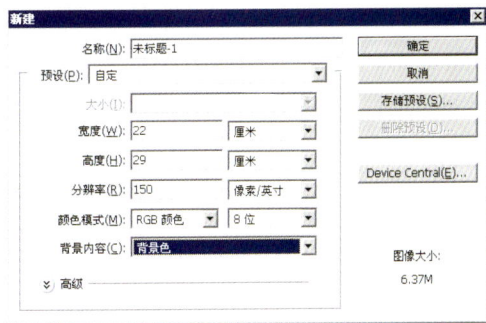

▲ 图 7-4

3 选择工具箱中的"移动工具"，将指定的选区拖曳到新建文档，执行[编辑／自由变换]命令，或按[Ctrl+T]组合键，自由缩放移动选区图像的位置及大小，如图7-5所示。调整人物的色相／饱和度，执行[图像]/[调整]/[色相／饱和度]命令，具体设置如图7-6所示。

▲图7-5

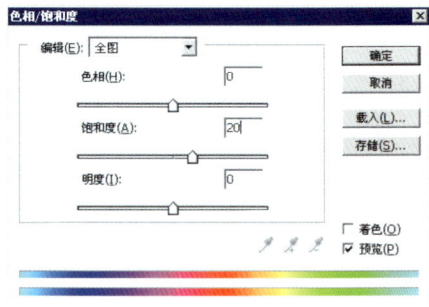

4 给人物添加杂色效果。执行[滤镜/杂色/添加杂色]命令，在弹出的"添加杂色"对话框中，按照如图7-7所示，设置各项具体参数。应用了添加杂色命令后的图像效果如图7-8所示。

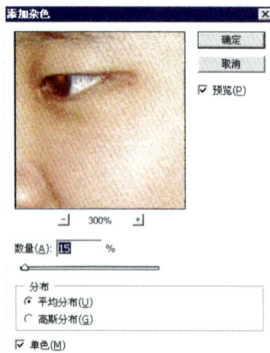

▲图7-7

▲图7-8

5 使人物轮廓与画面背景融合成为统一的整体。执行[图像/调整/曲线]命令，在弹出的"曲线"对话框中，如图7-9所示调整曲线，效果如图7-10所示。

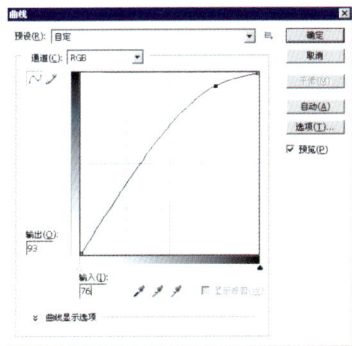

6 选择"矩形选框工具"，在图像中拖拉矩形选区，如图 7-11 所示。将前景色设置为白色，单击"创建新图层"按钮，按下[Alt+Delete]组合键将前景色填充选区，效果如图 7-12 所示，按[Ctrl+D]组合键，取消选区。

7 对直线进行效果处理。执行[滤镜/风格化/扩散]命令，在弹出的设置"扩散"对话框中，自行设置数值，如果未到达效果，还可以根据具体情况重复特效，按[Ctrl+F]组合键重复设置，如图 7-13 所示。复制图层，将此图层拖曳到"创建新图层"按钮上，或按[Ctrl+J]组合键得到图层副本，再按下[Ctrl+T]组合键，自由变换图形旋转角度，在此我们选择 90 度，放在如图 7-14 所示的位置上。按[Enter]键确认操作。

▲图 7-13

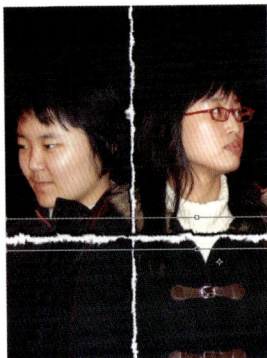

▲图 7-14

8 两条白色的装饰线可以变动大小，随喜好而定，接下来修剪人物大小，我们仅需要 2/3 的人物面部，所以选择工具箱中的"矩形选框工具"，删除图像文档中不需要的人物部分，效果如图 7-15 所示。改变人物整体色调。执行[图像/调整/可选颜色]命令，在弹出的"可选颜色"对话框中，选择红色通道，如图 7-16 所示设置。

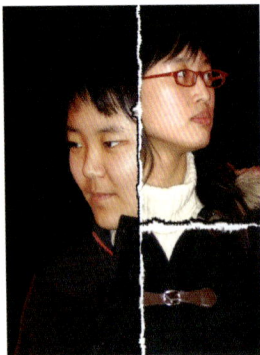

▲图 7-15

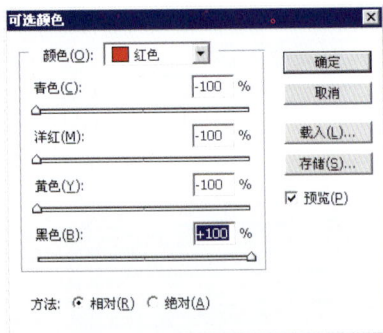

▲图 7-16

9 改变人物色调。执行[图像/调整/可选颜色]命令，在弹出的"可选颜色"对话框中，选择白色通道，如图 7-17 所示设置。其应用后的图像效果如图 7-18 所示。

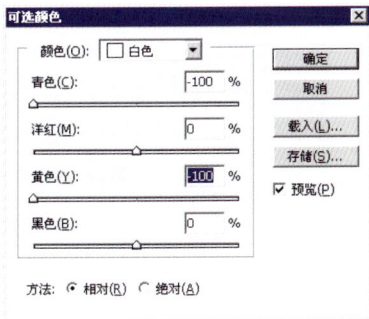
▲图7-17

▲图7-18

10 新建图层，单击"创建新图层"按钮⊒，设置图层混合模式为"叠加"，执行[滤镜/渲染/分层云彩]命令，效果如图7-19所示。将两层图层进行合并后，执行[图像]/[调整]/[亮度/对比度]命令，具体参数设置如图7-20所示。

▲图7-19

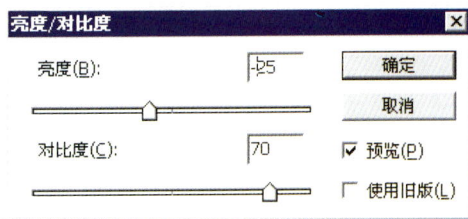
▲图7-20

11 输入文字。选择工具箱中的"横排文字工具"**T**，在图像中输入文字"HEARD CARDE"，如图7-21所示。设置字体后，选定这个文字图层，按[Ctrl+T]组合键出现一个选框，用鼠标拖动选框，文字达到满意大小后放开鼠标，再按[Enter]键确定。添加文字后的图片效果如图7-22所示。

12 添加其他文字效果。字体的设置与大小根据个人的情况不同任意设置，注意位置的摆放不要过于繁乱，以简洁清晰为主，文字添加完成后，整个电影海报的效果就制作完成了，可以对画面不满意的地方进行裁切，单击"裁切工具"按钮 ↘，在图像中拖曳鼠标即可，然后按[Enter]键确认操作，最终效果如图7-23所示。

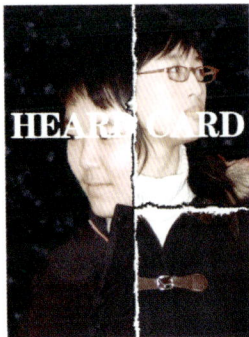

▲ 图7-21

▲ 图7-22

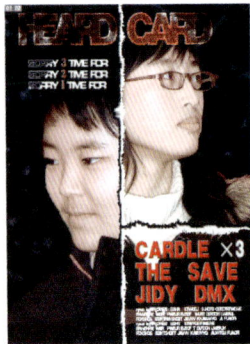

▲ 图7-23

08　制作广告效果

本例将一张人物生活照制作成带有不同色调的效果，主要用到"色相／饱和度"将其人物调成不同的色调组合在一起，得到一幅具有个人写真的广告设计作品。

▲ 处理前

▲ 处理后

① 打开照片文件。执行[文件／打开]命令，或按[Ctrl+O]组合键，在弹出的"打开"对话框中，单击"打开"按钮，如图8-1所示。再按[Ctrl+J]组合键，将背景图层复制。

2 改变人物整体色相。执行[图像]/[调整]/[色相/饱和度]命令,在弹出的"色相/饱和度"对话框中,勾选"着色"复选框,并修改各项参数,具体设置如图 8-2 所示,改变色相后的图像效果如图 8-3 所示。

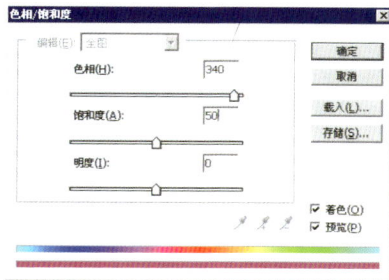

3 调整图像的高光与对比。执行[图像]/[调整]/[阴影/高光]命令,在弹出的"暗调/高光"对话框中,设置各项参数,具体设置如图 8-4 所示,图像效果如图 8-5 所示。

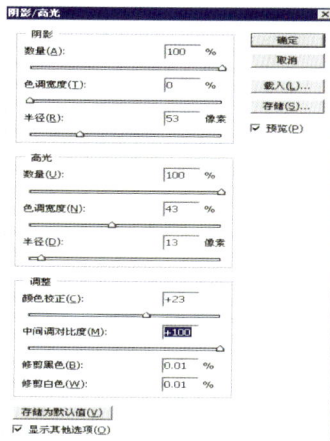

4 改变原图副本人物整体色相。将背景图层拖曳到"创建新图层"按钮 ，得到背景副本2执行[图像]/[调整]/[色相/饱和度]命令，在弹出的"色相/饱和度"对话框中，勾选"着色"复选框，并修改各项参数，具体设置如图8-6所示，其改变色相后的图像效果如图8-7所示。

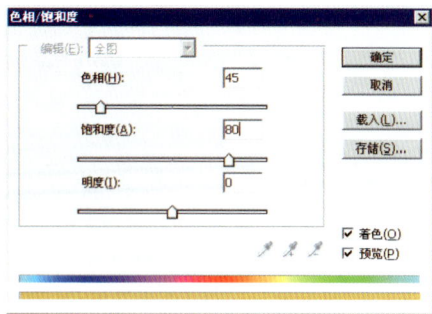

▲图8-6

▲图8-7

5 调整图像的高光与对比。执行[图像]/[调整]/[阴影/高光]命令，在弹出的"阴影/高光"对话框中设置各项参数，具体设置如图8-8所示，图像效果如图8-9所示。

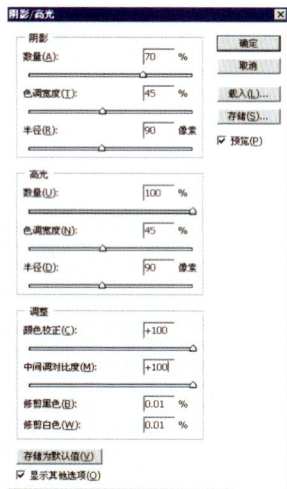

▲图8-8

▲图8-9

6 对人物进行效果添加。执行[滤镜/艺术效果/干画笔]命令，参数设置如图8-10所示。应用干画笔后的图像效果如图8-11所示。

▲图8-10

▲图8-11

7 改变原图副本人物整体色相。将"背景"图层拖曳到"创建新图层"按钮 ，得到"背景副本3"。执行[图像]/[调整]/[色相/饱和度]命令，在弹出的"色相/饱和度"对话框中，勾选"着色"复选框，并修改各项参数，具体设置如图8-12所示，改变色相后的图像效果如图8-13所示。

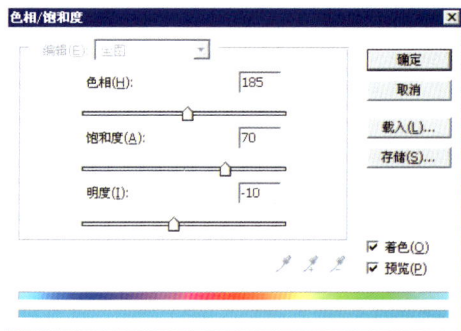

▲图8-12

▲图8-13

8 调整图像的高光与对比。执行[滤镜/画笔描边/烟灰墨]命令，在弹出的"烟灰墨"对话框中，设置各项参数，具体设置如图 8-14 所示。应用"烟灰墨"滤镜后的效果如图 8-15 所示。

▲图 8-14

▲图 8-15

9 制作第四副效果图像。将"背景副本 1"层复制，或按[Ctrl+J]组合键，再执行[滤镜/艺术效果/霓虹灯光]命令，具体参数设置如图 8-16 所示。应用霓虹后的图像效果如图 8-17 所示。

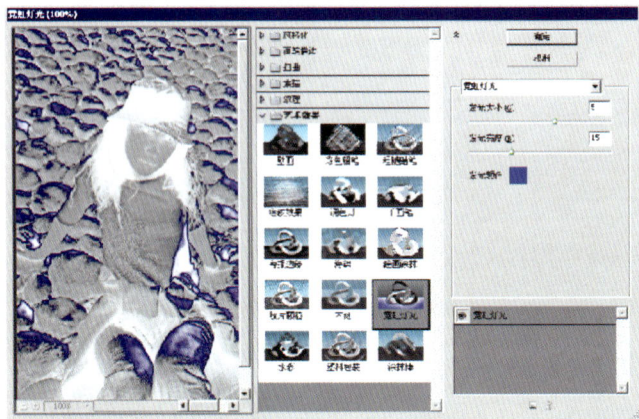

▲图 8-16

▲图 8-17

10 新建文档。文档参数设置如图8-18所示。为了丰富画面，将背景图层复制，首先拖曳至新建文档中，并且调整其大小和位置，如图8-19所示。

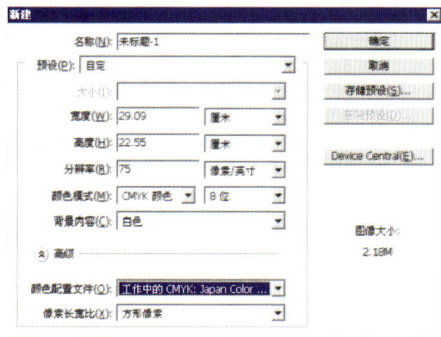

▲图 8-18

▲图 8-19

11 将处理好的四种效果分别复制到背景图层中，如图8-20所示。调整图像的位置，最终效果如图8-21所示。

▲图 8-20

▲图 8-21

09 制作烧焦的效果

在生活中，一张照片不管放至多久，不经意间都会变点颜色，但不会有烧焦的效果，为了得到这种奇特的效果照片，本例就为此讲解具体的制作过程。

▲ 处理前

▲ 处理后

1 打开一张照片文档。执行[文件/打开]命令，或按[Ctrl+O]组合键，在弹出的"打开"对话框中，选择需要处理的照片文档，单击"打开"按钮，如图9-1所示。

2 去除照片原始色彩。执行[图像/调整/色相/饱和度]命令，或按[Ctrl+U]组合键，在弹出的"色相/饱和度"对话框中，勾选"着色"复选框，拖移滑块进行调整，如图9-2所示，效果如图9-3所示，使照片变为老照片的黄色。

▲ 图9-1

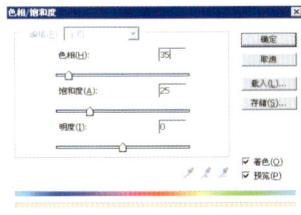
▲ 图9-2

▲ 图9-3

③ 制作老照片上色彩不均匀的效果。单击图层面板下方的"创建新图层"按钮 ,新建一个"图层1",将此的图层混合模式设置为"叠加"。选择工具箱中的"画笔工具" ,将前景色设置为黑色,在工具选项栏中单击画笔大小栏,就会弹出"画笔预设"选取器,选择柔角的大笔刷在图像上轻涂,如图9-4和图9-5所示。

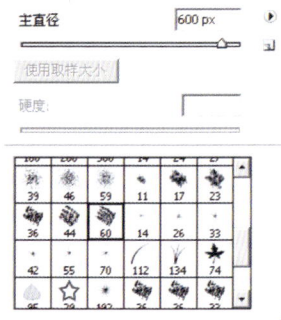

▲ 图9-4

▲ 图9-5

④ 描绘烧焦区域并应用"快速蒙版"模式。在图层面板中单击"背景"图层,选择工具箱中的"套索工具" ,在需要制作烧焦效果的区域勾画选区,如图9-6所示。单击工具箱下方的"以快速蒙版模式编辑"按钮 ,切换到通道面板中,在通道面板下方单击"将选区载入为通道"按钮,按快捷键[Shift+Ctrl+I]将选区反选,-得到效果如图9-7所示。

▲ 图9-6

▲ 图9-7

5 对图像应用"晶格化"滤镜。执行[滤镜/像素化/晶格化]命令，在弹出的"晶格化"对话框中，如图9-8所示将单元格大小设置为10，单击"确定"按钮，按[Q]键取消快速蒙版，就得到选定的范围。按[X]键系统将自动设置默认的前景色和背景色，再按[Alt+Delete]键填充白色背景色，效果如图9-9所示，这时不要取消范围。

▲ 图9-8

▲ 图9-9

6 扩展烧焦区域。切换到通道面板，单击面板下方的"将选区存储为通道"按钮，将选区保存为"Alpha1"通道，如图9-10所示。执行[选择/修改/扩展]命令，在弹出的"扩展"对话框中将"扩展量"设置为20像素，然后单击"确定"按钮，就会扩大选区范围，如图9-11所示。

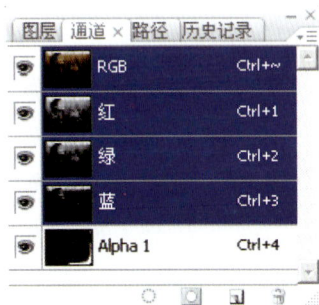

▲ 图9-10

▲ 图9-11

7 制作烧焦边缘的选区。执行[选择/羽化]命令，或按[Ctrl+Alt+D]组合键执行羽化命令，在弹出的"羽化"对话框中将"羽化半径"设置为2像素，单击"确定"按钮羽化选区。执行[选择/载入选区]命令，在弹出的"载入选区"对话框中单击"从选区中减去"复选框，如图9-12所示。单击"确定"按钮，就得到两个选区相减形成的烧焦边缘的选区，如图9-13所示。

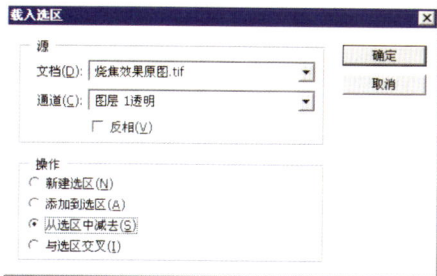

8 为烧焦的边缘着色，使它的颜色更深。执行[图像/调整/色相/饱和度]命令，或按Ctrl+U组合键，在弹出的"色相/饱和度"对话框中勾选"着色"复选框，如图9-14所示进行设置，得到的最终效果如图9-15所示。

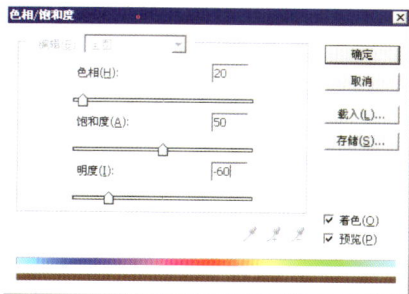

9 添加图层样式。执行[图层/新建/通过拷贝的图层]命令，或按[Ctrl+J]键将着色后的烧焦边缘选区复制为一个新的"图层2"。单击图层面板下方的"添加图层样式"按钮，在样式下拉列表中选择"投影"复选框，如图9-16所示在弹出的对话框中进行设置，单击"确定"按钮，得到的最终效果如图9-17所示。

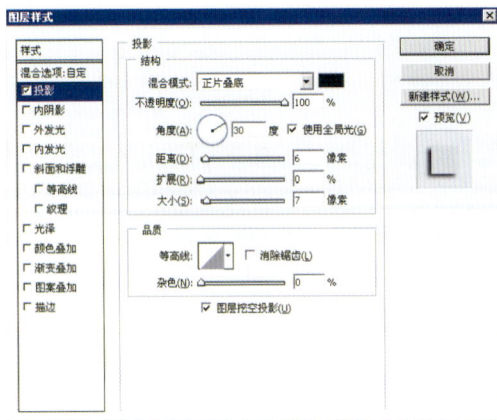

▲图 9-16

▲图 9-17

10 制作梦幻背景效果

将自己的个人写真照片制作成带有梦幻般的效果，也不是件困难的事情，本例就教你们怎样制作梦幻般的背景效果。

▲处理前

▲处理后

1 新建文件。执行[文件/新建]命令，在弹出的"新建"对话框中设置数值，将背景内容设置为白色，单击"确定"按钮。具体参数设置如图10-1所示。

2 要制作梦幻背景效果照片，就要选择一些人物很有特点的图片，这样做出来的效果会很漂亮。执行[文件/打开]命令，打开两张人物图片，这是很普通的人物艺术照。如图10-2和图10-3所示。

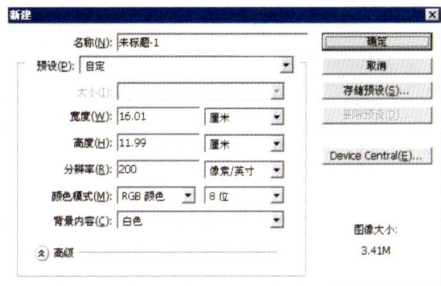
▲图 10-1

▲图 10-2

▲图 10-3

3 将图像拖曳到新建文件。打开两张照片，用鼠标拖曳到新文件里，这时，图层面板会自动生成两个图层。按[Ctrl+T]组合键变化人物照片的大小，用鼠标对变换框的调节点进行拖动调节，按[Enter]键确认操作。图片被拖入新文件后图层面板如图10-4所示，调整后的图像效果如图10-5所示。

▲图 10-4

▲图 10-5

4 给图层添加蒙版。因为人物图片的边缘过于明显，很难显示出效果，所以，选择图层面板底部的"添加蒙版"按钮，给人物图片分别添加蒙版。添加蒙版后图层面板如图10-6所示。

5 给图层添加渐变效果。选择工具箱中的"渐变工具" ，在工具的选项栏中单击"可编辑渐变"按钮，在弹出的"渐变编辑器"中设置渐变填充的颜色，设置好后单击"确定"按钮，在图像中对人物照片进行渐变。渐变编辑器设置如图10-7所示，图像经过渐变填充后如图10-8所示。

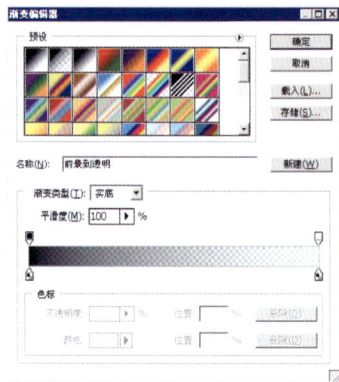

▲图10-6   ▲图10-7   ▲图10-8

6 改变前景色和背景色。选择工具箱设置前景色和背景色，将前景色设置为红色，将背景色设置为黑色，单击前景色，在弹出的拾色器中用鼠标找到想要的颜色。执行[滤镜/渲染/云彩]命令，文件会出现黑红相间的云彩效果的图像。前景色的拾色器设置如图10-9所示，得到云彩效果的图像如图10-10所示。

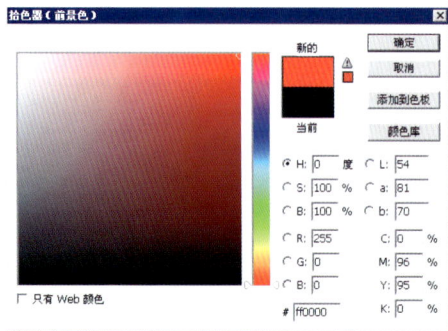

▲图10-9

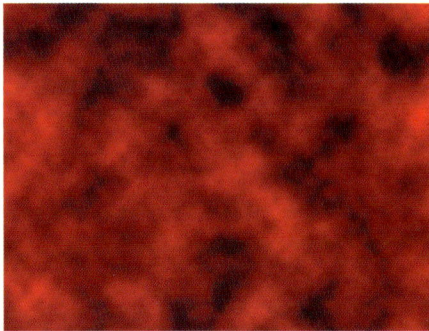

▲图10-10

7 给图像添加马赛克效果。执行[滤镜／像素化／马赛克]命令，在弹出的"马赛克"对话框中设置数值，或用鼠标拖动滑块进行调节，勾选"预览"复选框，看到满意的效果后单击"确定"按钮。设置马赛克效果对话框如图 10-11，得出马赛克效果后的图像如图 10-12 所示。

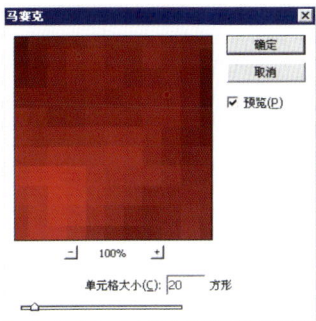

▲图 10-11

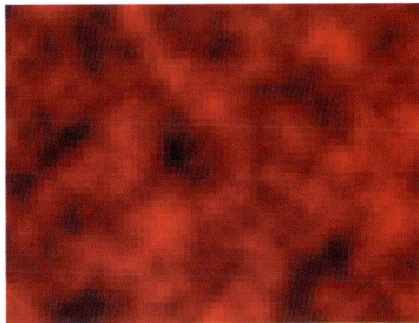

▲图 10-12

8 对图像进行径向模糊。执行[滤镜／模糊／径向模糊]命令，在弹出的"径向模糊"对话框中，设置数值或者用鼠标拖动滑块进行调节，选项设置后单击"确定"按钮。设置"径向模糊"对话框如图 10-13 所示，图像经过径向模糊后的效果如图 10-14 所示。

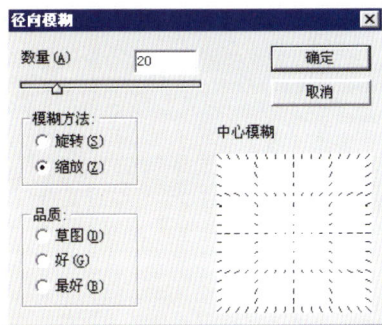

▲图 10-13

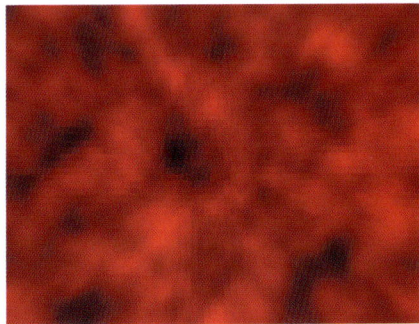

▲图 10-14

9 给图像添加浮雕效果。执行[滤镜／风格化／浮雕效果]命令，在弹出的"浮雕"对话框中，设置具体数值或用鼠标拖动滑块，勾选"预览"复选框，看到满意的效果后单击"确定"按钮。"浮雕效果"对话框设置如图 10-15 所示，图像应用浮雕效果后如图 10-16 所示。

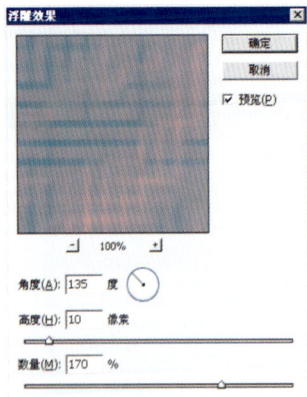

▲ 图 10-15

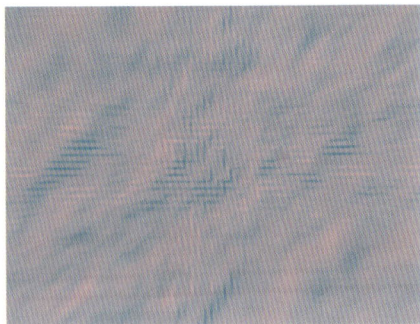

▲ 图 10-16

10 强化的边缘。执行[滤镜/画笔描边/强化的边缘]命令，在弹出的"强化边缘"对话框中，设置具体数值或者用鼠标拖动滑块，看到满意效果后单击"确定"按钮。设置"强化的边缘"对话框如图 10-17 所示，图像在应用"强化的边缘"后效果如图 10-18 所示。

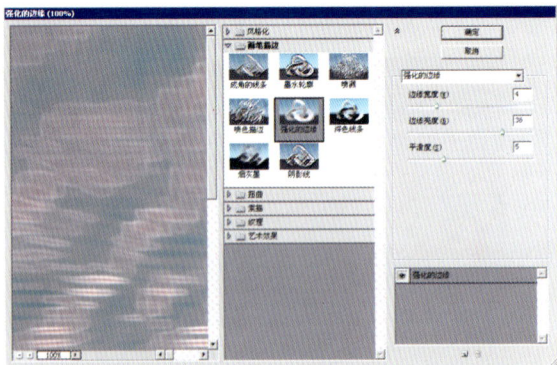

▲ 图 10-17

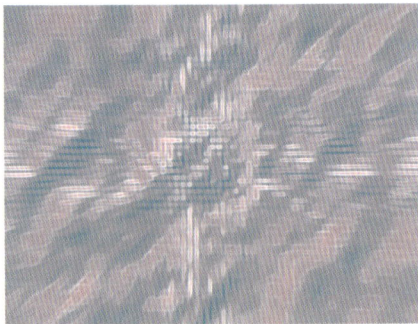

▲ 图 10-18

11 查找边缘。执行[滤镜/风格化/查找边缘]命令，这时系统会自动查找强化的边缘，按[Ctrl+I]组合键反相，经过反相的图像会和原来的图像色调相反。查找边缘后图像如图 10-19 所示，在图像经过反相后如图 10-20 所示。

▲图 10-19

▲图 10-20

12 调整图像的色相/饱和度。执行[图像]/[调整]/[色相/饱和度]命令，在弹出的"色相/饱和度"对话框中设置数值或者用鼠标拖动滑块，勾选"着色"复选和"预览"复选项，看到满意的效果后单击"确定"按钮。"色相/对比度"对话框设置如图 10-21 所示，图像调整"色相/对比度"后如图 10-22 所示。

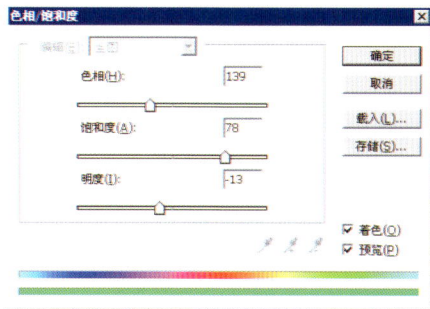
▲图 10-21

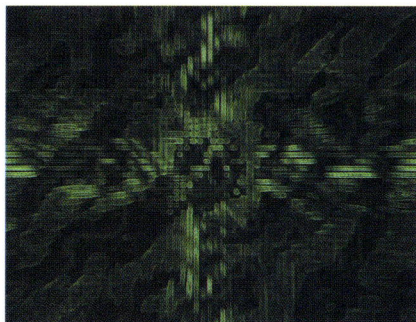
▲图 10-22

13 做完背景后图像的效果。选择图层面板，用鼠标单击指示图层可视性图标，让人物的照片也显示在画面上。此时图层面板如图 10-23 所示，图像效果如图 10-24 所示。

数
码
摄
影
修
饰
技
巧

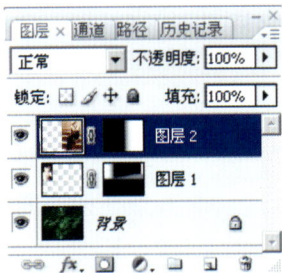
▲图 10-23

▲图 10-24

14 创建新的图层。选择图层面板底部的创"建新图层"按钮 ，创建一个新的透明图层。选择前景色为白色，按[Alt+Delete]组合键，填充前景色，在填充颜色后将该图层移到所有图层的下面。在图层面板创建新的图层后如图 10-25 所示，新建图层填充颜色后效果如图 10-26 所示。

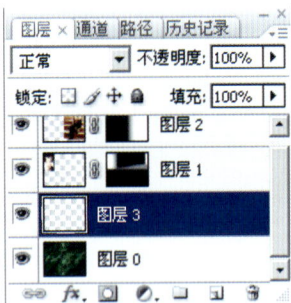
▲图 10-25

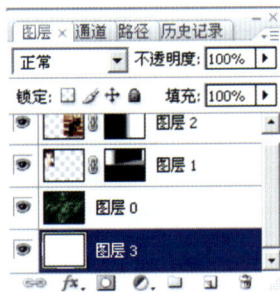
▲图 10-26

15 给新的图层添加渐变。选择工具箱中的渐变工具 ，在渐变选项栏中用鼠标单击"可编辑渐变"按钮，在弹出的"渐变编辑器"中编辑渐变效果，在得到满意的渐变图像后单击"确定"按钮，在渐变选项栏中选择"径向渐变"，从新的图层中间位置拉出渐变。"渐变编辑器"参数设置如图 10-27，新图层在填充渐变效果后的效果如图 10-28 所示。

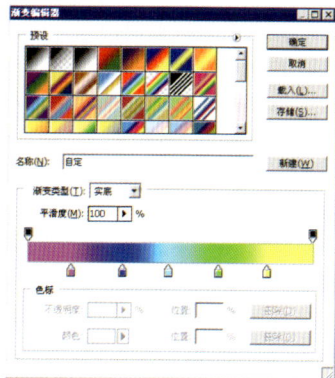

▲图 10-27

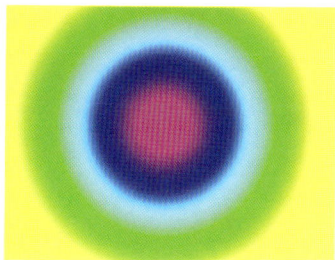

▲图 10-28

16 给渐变的图像添加颗粒效果。执行[滤镜/纹理/颗粒]命令，在弹出的"颗粒"对话框中设置具体数值，或者用鼠标拖动滑块进行调节。得到满意的效果后单击"确定"按钮。"颗粒"对话框设置如图10-29所示，添加颗粒效果后图像如图10-30所示。

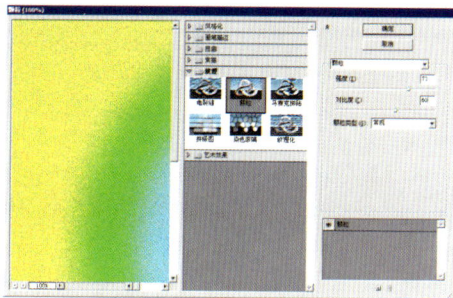

▲图 10-29

▲图 10-30

17 改变图层的混合模式。选择渐变图层上面的图层为当前层，用鼠标调整图层的混合模式，选择"亮度"，也将"背景"图层的混合模式设置为"亮度"选项。图层面板设置如图10-31所示，调整混合模式后的效果如图10-32所示。

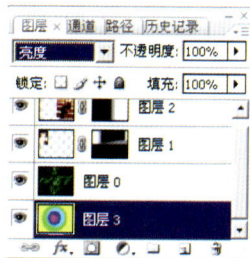

▲图 10-31

▲图 10-32

18 设置人物图层的混合模式和不透明度。选择图层面板，以一个人物所在的图层为当前层，用鼠标单击设置图层的混合模式，选择"亮度"选项，这时的人物照片会呈黑白色调，调整人物图像的不透明度为 77%，按 Enter 键确定。现在的图层面板如图 10-33 所示，人物图像在设置图层混合模式后如图 10-34 所示。

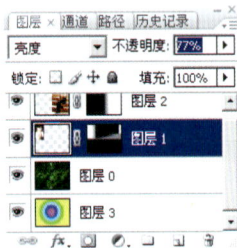

▲图 10-33

▲图 10-34

19 改变另一张人物照片的混合模式和不透明度。选择图层面板，以另一张人物照片为当前层进行调整。用鼠标单击设置图层的混合模式，选择"亮度"选项，修改图像的不透明度为 75%，按[Enter]键确定。图层面板设置混合模式和不透明度后如图 10-35 所示，图像效果如图 10-36 所示。

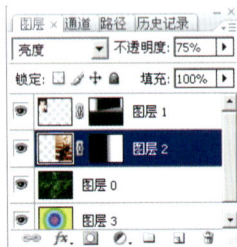

▲图 10-35

▲图 10-36

20 调整图像的色相/饱和度。在设置人物的混合模式后图像会显得有些发灰。执行[图像]/[调整]/[色相/饱和度]命令，在弹出的"色相/饱和度"对话框中设置数值，或者用鼠标拖动滑块进行调节，勾选"着色"和"预览"复选项，看到满意的效果后单击"确定"按钮。调整"色相/饱和度"对话框如图 10-37 所示，图像效果如图 10-38 所示。

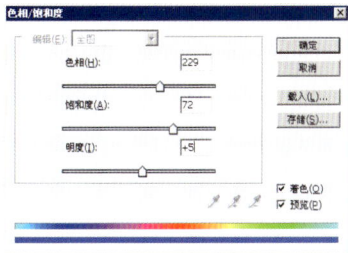

▲图 10-37

▲图 10-38

21 调整另一张人物图片的色相/饱和度。执行[图像]/[调整]/[色相/饱和度]命令,在弹出的"色相/饱和度"对话框中设置数值,或者用鼠标拖动滑块进行调节,勾选"着色"和"预览"复选项,看到满意效果后单击"确定"按钮。"色相/饱和度"对话框设置如图 10-39 所示,图像调整后如图 10-40 所示。

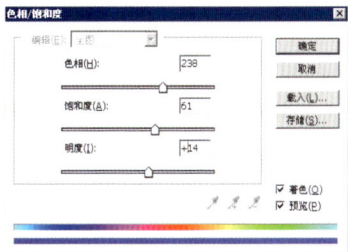

▲图 10-39

▲图 10-40

22 经过滤镜及图层混合模式的调整后,给本来平凡无奇的人物艺术照,添加了一层很有神秘感的背景,最终效果如图 10-41 所示。

▲图 10-41

11 制作日历效果

如今日历已经成为人们查看日期、安排日程的参照物，同时起着美化生活作用，相信许多人在工作空间中里也常用到日历，这些日历带有点秋意的感觉如果将自己的照片制作成一张漂亮的日历图画，一定有不同的感受。

▲ 处理前 　　　　▲ 处理后

1 新建文件。执行[文件/新建]命令，在弹出的"新建"对话框中设置数值和选项，然后单击"确定"按钮。"新建"对话框设置如图 11-1 所示。

2 选择图片并拖到新建文件中。制作日历效果一定要有丰富的画面感，选择几张照片，并用鼠标把照片拖动到新建文件中，这时图层面板会自动生成图层，图层面板在照片拖动到新建文件后如图 11-2 所示，新建文件在图像拖曳到画面后如图 11-3 所示。

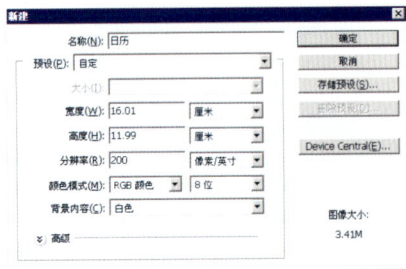
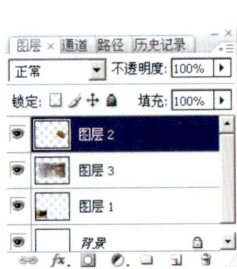

▲ 图 11-1 　　　　▲ 图 11-2 　　　　▲ 图 11-3

3 旋转画布。制作日历效果需要新建的文件旋转一下方向。执行[图像/旋转画布/90度 (顺时针)]命令，选择后图像会自动旋转。效果如图 11-4 所示。

4 变换照片的方向和大小。拖入新文件的照片都有位置上和大小上的问题，按[Ctrl+T]组合键，显示照片的自由变换框，用鼠标拖动自由变换框的控制点，进行照片大小的调整，把鼠标放在自由变换框外面的时候，鼠标的箭头就会变为弯曲的形状，这时就可以变换照片的方向，得到满意的效果后按[Enter]键确定。被自由变换框框选时照片如图 11-5 所示，变换后的照片如图 11-6 所示。

▲ 图 11-4

▲ 图 11-5

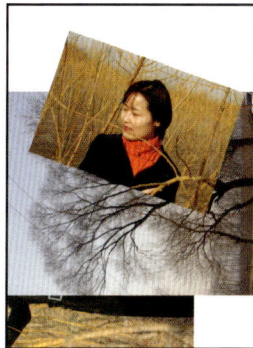
▲ 图 11-6

5 继续调整照片的大小和方向。这时调整三张照片中的风景图片，这张图片用作做两张人物图片的衬底，所以一定要放得大一些。按[Ctrl+T]组合键，调出自由变换框，用鼠标拖动自由变换框控制点的同时，按住[Shift]键缩放自由变换框，这样得到的图像是等比例的，不会影响图片的质量。按Enter键确定。被自由变换框框选时照片如图 11-7 所示，变换后的照片如图 11-8 所示。

▲ 图 11-7

▲ 图 11-8

6 调整最后一张照片。按[Ctrl+T]组合键，调出自由变换框，用鼠标拖动自由变换框控制点的同时，按住[Shift]键缩放自由变换框，这样得到的图像是等比例的，不会影响图片的质量。按[Enter]键确定。被自由变换框框选时的照片如图 11-9 所示，变换后的照片如图 11-10 所示。

7 使用"橡皮图章工具"。在人物衬底的风景照片的右下角有一辆汽车，很影响整张图片的效果。选择工具箱中的橡皮图章工具 🖳，调整画笔的大小和笔压，按住[Alt]键单击选取靠近"汽车"附近的图像，把鼠标移到所要删除图像的位置上进行涂抹。使用橡皮图章工具后的效果如图 11-11 所示。

▲图 11-9

▲图 11-10

▲图 11-11

8 改变画布的大小。日历的主体已经完成了，但背景图层过于小，没有空余的位置放日期了。执行[图像/画布大小]命令，在弹出的对话框中填写数值，勾选"相对"复选框。设置好后单击"确定"按钮。设置"画布大小"对话框如图 11-12 所示，画布大小调整后如图 11-13 所示。

▲图 11-12

▲图 11-13

9 填充前景色为黑色。选择工具箱，设置前景色为黑色进行填充，按[Alt+Delete]组合键，给背景添加黑色，这样图像就有了一个黑色的边框，效果如图 11-14 所示。

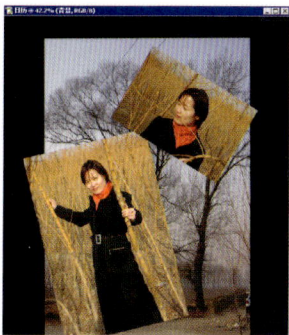

▲图 11-14

11 选择自定形状工具。选择工具箱中的"自定义工具" ，在自定义工具的选项栏中，单击形状选区，在下拉面板里面选择"叶子 5"，在图像中拖动鼠标，画出"叶子 5"的路径。图像效果如图 11-16 所示。

▲图 11-16

10 创建新的图层。选择图层面板底部的"创建新图层"按钮 ，创建新的图层，将新建的图层放在所有图层的上面。这时图层面板如图 11-15 所示。

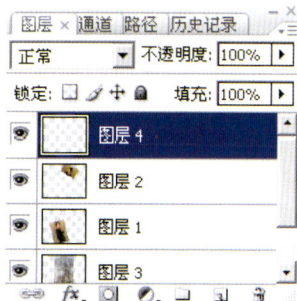

▲图 11-15

12 将路径作为选区载入。切换到路径面板，选择路径面板底部的"将路径作为选区载入"按钮 ，这时路径就转化为选区。图像效果如图 11-17 所示。

▲图 11-17

13 给选区填充颜色。选择工具箱设置前景色，用鼠标单击设置前景色，在弹出的"拾色器"对话框中设置颜色，完毕后单击"确定"按钮。"拾色器"对话框如图 11-18 所示，选区在填充颜色后如图 11-19 所示。

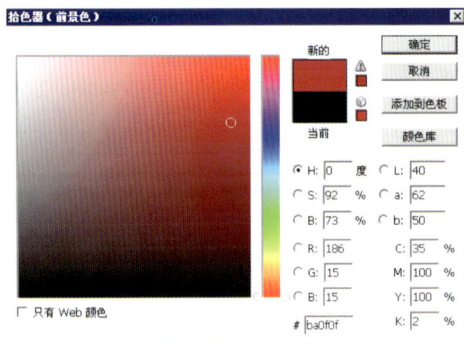

▲ 图 11-18

▲ 图 11-19

14 复制选区的图像。在上一步的操作中得到了叶子的选区，按[Ctrl+C]组合键进行图像复制，按组合键[Ctrl+V]粘贴图像，用鼠标拖动到一个合适的位置后再按[Ctrl+T]组合键调出自由变换框，变换图像的大小和方向。效果如图 11-20 所示。

15 叶子制作的最终效果。经过上面几个步骤的重复，最终效果如图 11-21 所示。

▲ 图 11-20

▲ 图 11-21

16 　利用工具箱中的"矩形选框工具" □.添加效果。选择工具箱中的"矩形选框工具" □.，设置矩形选框的羽化值为"10像素"。按组合键[Ctrl+Shift+I]进行选区的反选，这时将该图层的混合模式设置为"溶解"。对图像的选区进行反选如图 11-22，图层调整混合模式如图 11-23 所示。

▲图 11-22

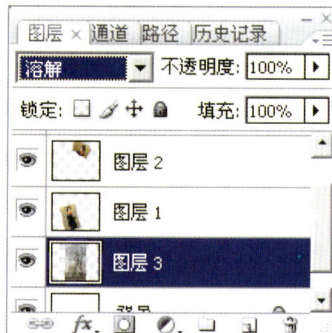

▲图 11-23

17 　应用模糊滤镜特效。执行[滤镜 / 模糊 / 径向模糊]命令，在弹出的"径向模糊"对话框中设置数值，或者用鼠标拖动滑块，调整后单击"确定"按钮，图像就会出现往外扩散的杂点。"径向模糊"对话框设如图 11-24 所示，图像在径向模糊后如图 11-25 所示。

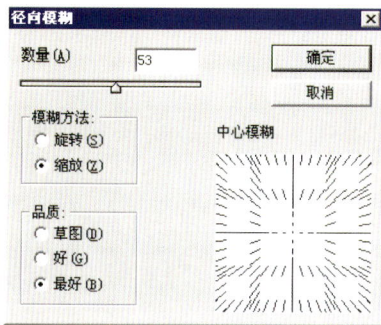

▲图 11-24

▲图 11-25

18 给叶子添加图层样式。选择图层面板底部的"添加图层样式"按钮 ，在弹出的菜单中选择"投影"选项，在"图层样式"对话框中设置数值，或用鼠标拖动滑块进行调节，勾选"预览"复选项，看到满意效果后单击"确定"按钮。按照这样的方法每个叶子都添加一个投影的图层样式。"投影"对话框设置如图11-26所示，图像在叶子都调整完毕后如图11-27所示。

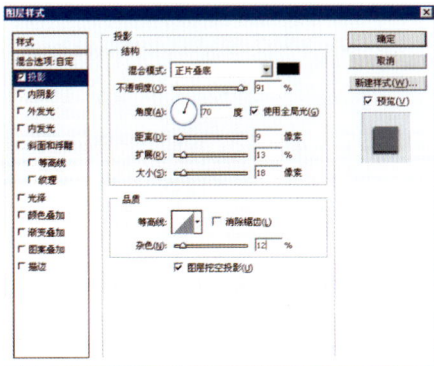

▲图11-26

▲图11-27

19 添加图层样式。单击图层面板底部的"添加图层样式"按钮 ，在弹出的下拉菜单中选择"内发光"选项，在弹出的"图层样式"对话框中设置数值，或用鼠标拖动滑块进行调节。勾选"预览"复选项，看到满意的效果后单击"确定"按钮。"内发光"对话框设置如图11-28所示，图像添加内发光后的效果如图11-29所示。

20 为图层添加蒙版。选择图层面板底部的"添加蒙版"按钮 ，为其中一张人物图片添加蒙版。图层面板添加蒙版后如图11-30所示。

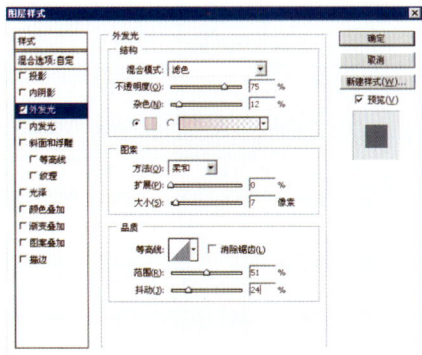

▲图11-28

▲图11-29

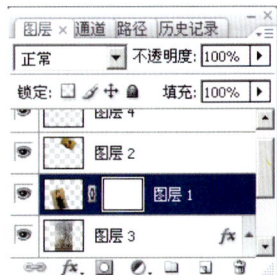

▲图11-30

21 给图层蒙版填充渐变。选择工具箱中的"渐变工具" ▣，在渐变工具的选项栏中用鼠标点按可打开"渐变编辑器"，在弹出的对话框中用鼠标拖动滑块进行调节，然后单击"确定"按钮。"编辑渐变器"设置如图 11-31 所示，在图层蒙版上填充渐变后的图像效果如图 11-32 所示。

22 自定形状工具。选择工具箱中的"自定形状工具" ⚐，在自定形状工具的选项栏中，用鼠标单击形状后的复选框，在下拉菜单中选择"邮票1"选项后，用鼠标拖动"邮票1"的路径，将路径的边缘和图像的边缘吻合。图像在画完路径后如图 11-33 所示。

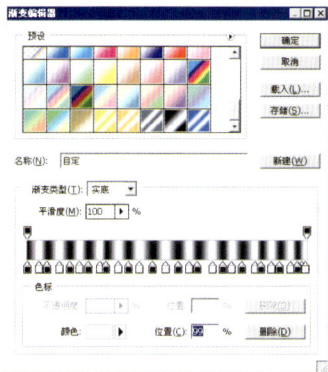

▲ 图 11-31

▲ 图 11-32

▲ 图 11-33

23 将路径作为选区载入。切换到路径面板，选择路径面板底部的"将路径作为选区载入"按钮 ⊙，此时路径已转化为选区，按[Ctrl+Shift+I]组合键，进行选区的反选，按[Delete]键，将选区部分的图像删除，这时图像的边缘是锯齿状的。选区进行反选后如图 11-34 所示，选区部分图像删除后如图 11-35 所示。

▲ 图 11-34

▲ 图 11-35

24 输入文字。选择工具箱中的"文字工具" T ，输入1月、2月，在文字工具的选项栏中，将字体选择为"方正隶二简体"，将字号设置为18号。1月和2月最好是分两个图层输入，这样在调整时比较方便。输入文字后的图像效果如图11-36所示。

25 输入文字。选择工具箱中的"文字工具" T ，在文字工具的选项栏中，将字体选择为"汉仪大宋简"，字号设置为12号。输入1到31让数字竖排列，在数字18的地方另起一列。最好是1到18是一个图层，19到31是一个图层，这样有利于调整数字的位置。按住[Ctrl]键，再按[Ctrl+C]、[Ctrl+V]组合键进行复制粘贴。图像输入数字后如图11-37所示，数字进行复制并调整位置后如图11-38所示。

▲图11-36

▲图11-37

▲图11-38

26 框选数字并删除。二月都是二十八天或者是二十九天，所以选择工具箱中的"矩形选框工具" ，框选多余的数字，按[Delete]键删除，这样一页用自己照片制作的日历就做好了。框选数字如图11-39，日历的最终效果如图11-40所示。

▲图11-39

▲图11-40

12 制作文字内镶图像的效果

文字在书本中是最常见的，可在文字中加上照片就不常见了，这种效果给人的感觉很不一样。将照片放入文字中再添加蒙版就可得到这种镶嵌的效果了。

▲ 处理前

▲ 处理后

1 新建文件。要制作文字内镶图像的效果，要先新建一个文件。执行[文件/新建]命令，在弹出的"打开"对话框中设置数值，将背景内容设置为白色。"新建"对话框如图 12-1 所示。

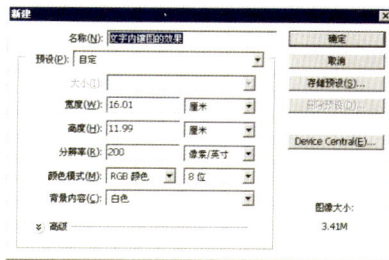
▲ 图 12-1

2 框选图像并反选选区。选择工具箱中的"矩形选框工具" □ ，在该工具选项栏中将羽化值设置为"10 像素"。按[Ctrl+Shift+I]组合键反选选区。选择矩形选框框选图像如图 12-2 所示，反选选区后图像如图 12-3 所示。

▲ 图 12-2

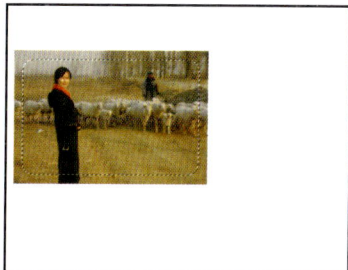
▲ 图 12-3

3 删除选区中的图像。在上一步的操作中，已经得到了图像的边缘选区，按[Delete]键，将选区中的图像删除。在画选区的时候设置羽化值，在删除选区内的图像时，图像被删除的部分的边缘是柔和的。删除选区内的图像后效果如图12-4所示。

4 改变图层属性。背景图层是锁定的，很多的效果都受到了限制。改变它的属性，让背景图层变为可编辑层。选择图层面板，用鼠标双击"背景"图层的缩略图，会弹出一个对话框，单击"确定"按钮，此时背景图层就改变为"图层0"。弹出的"新建图层"对话框如图12-5所示，背景图层改变属性后图层面板如图12-6所示。

▲ 图 12-4

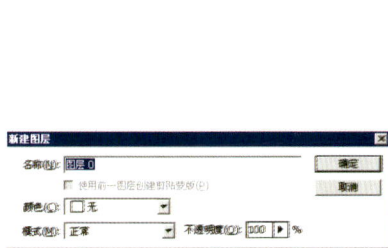
▲ 图 12-5

▲ 图 12-6

5 填充"图层0"的颜色。选择工具箱中用鼠标单击击前景色图标，在弹出的"拾色器"设置颜色，设然后单击"确定"按钮。按组合键[Alt+Delete]填充前景色。拾色器设置参数显示如图12-7所示，图层面板在填充颜色后如图12-8所示。

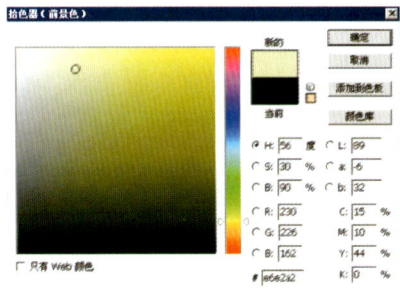
▲ 图 12-7

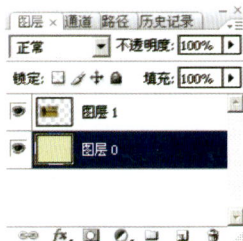
▲ 图 12-8

6 创建新的图层。单击图层面板底部的"创建新图层"按钮，创建新的图层。图层面板如图12-9所示。

7 给新图层填充颜色。选择设置前景色，用鼠标单击会弹出一个对话框，在"拾色器"对话框中设置颜色后单击"确定"按钮定，按[Alt+Delete]组合键填充前景色。设置拾色器如图 12-10 所示，图像在填充颜色后如图 12-11 所示。

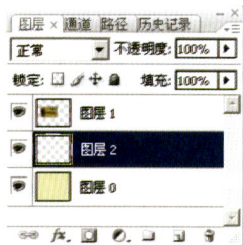

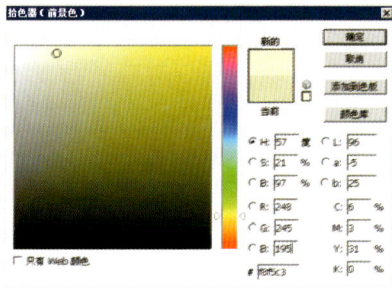

▲图 12-9　　　　　▲图 12-10　　　　　　　　　▲图 12-11

8 添加蒙版。给刚才填充的颜色层添加蒙版。选择图层面板底部的"添加蒙版"按钮 ◻，给新填充的图层添加一个蒙版，图层面板如图 12-12 所示。

9 给添加的蒙版做渐变效果。选择工具箱中的"渐变工具" ▭，在渐变工具的选项栏中点按可打开"渐变编辑器"，在弹出的"渐变编辑器"中设置渐变颜色，然后单击"确定"按钮，在图像上从上至下拉出渐变，在拉渐变时，按住[Shift]键可保持垂直。"渐变编辑器"设置如图 12-13 所示，渐变后的图像效果如图 12-14 所示。

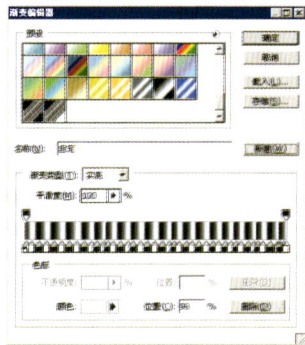

▲图 12-12　　　　　▲图 12-13　　　　　　　　　▲图 12-14

10 调整图层顺序。把添加蒙版的渐变图层位置移动到"图层 0"和"图层 1"之间。调整图层顺序后的图层面板如图 12-15 所示。

11 输入文字。选择工具箱中的横排文字工具 **T**，输入文字。字母最好是大写的，而且是分开图层输入的，这样比较容易调整。文字之间首尾相连，拼合成文字组。图层面板在输入文字后的效果如图 12-16 所示，图像输入文字后的效果如图 12-17 所示。

▲图 12-15 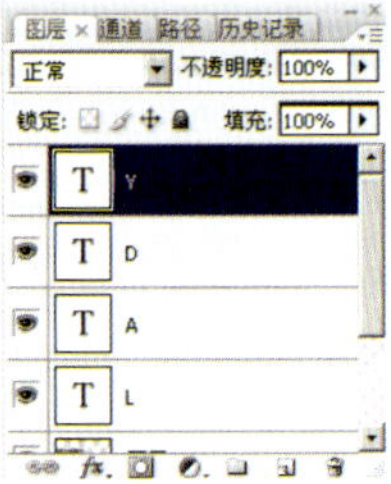　　　　　▲图 12-16 　　　　　▲图 12-17

12 为文字添加"投影"图层样式。用鼠标双击文字层，在弹出的"图层样式"对话框中勾选"投影"复选框，在"投影"的对话框中设置数值，或者用鼠标拖动滑块进行调节。然后单击"确定"按钮。"投影"对话框设置如图 12-18 所示，图像文字在添加了图层样式后的效果如图 12-19 所示。

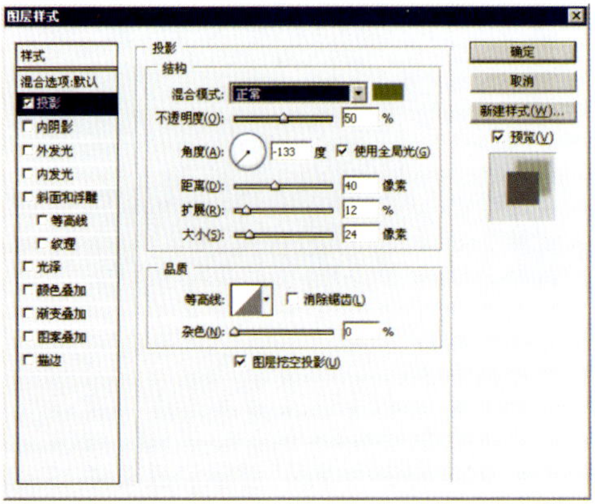

▲图 12-18 　　　　　　　　　　▲图 12-19

13 文字添加"内阴影"图层样式。单击图层面板底部的"添加图层样式"按钮 ，在弹出的"图层样式"对话框中设置数值，或者用鼠标拖动滑块进行调节，然后单击"确定"按钮。内阴影对话框设置如图 12-20 所示，图像调整后的效果如图 12-21 所示。

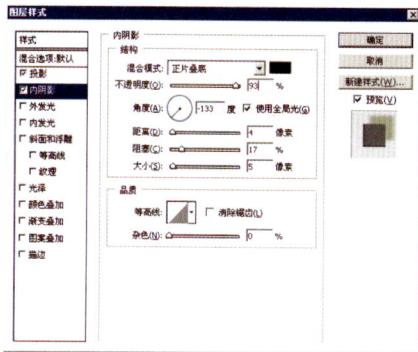

▲ 图 12-20

▲ 图 12-21

14 为文字添加"外发光"图层样式。单击图层面板底部的"添加图层样式"按钮 ，在弹出的"图层样式"对话框中设置数值，或用鼠标拖动滑块进行调节，然后单击"确定"按钮。"内阴影"对话框设置如图 12-22 所示，图像调整后的效果如图 12-23 所示。

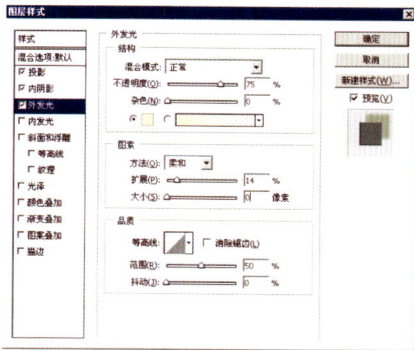

▲ 图 12-22

▲ 图 12-23

15 添加"外发光"图层样式。单击图层面板底部的"添加图层样式"按钮 ，在弹出的"图层样式"对话框中设置数值，或用鼠标拖动滑块进行调节，然后单击"确定"按钮。"内阴影"对话框设置如图 12-24 所示，图像调整后的效果如图 12-25 所示。

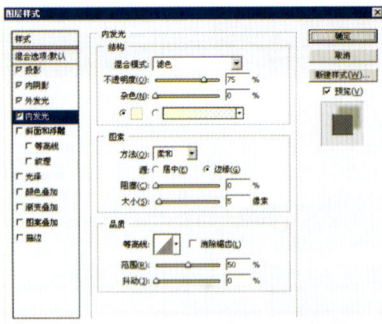

▲图 12-24

▲图 12-25

16 添加"浮雕和斜面"图层样式。选择图层面板底部的"添加图层样式"按钮 ◢，在弹出的"图层样式"对话框中设置数值，或用鼠标拖动滑块进行调节，设置完毕后单击"确定"按钮。"内阴影"对话框设置如图 12-26 所示，图像调整后的效果如图 12-27 所示。

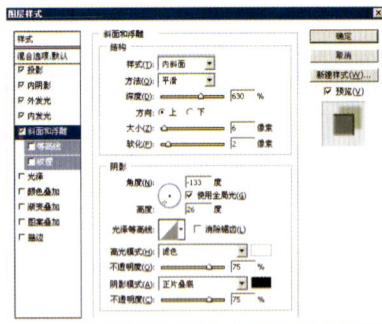

▲图 12-26

▲图 12-27

17 打开四张人物照片。选择四张图片执行[文件/打开]命令，或按[Ctrl+O]组合键，在弹出的"打开"对话框中，用鼠标将图片拖入画面中。拖入图片后画面效果如图 12-28 所示。

▲图 12-28

18 将图层编组。将鼠标放在"LADY"文字图层和刚才拖入的照片层中间，在按住鼠标左键的同时按[Alt]键，将文字层和图片层编组，再依次这样做将所有的图片层编组。编组后图层面板如图 12-29 所示，图像效果如图 12-30 所示。

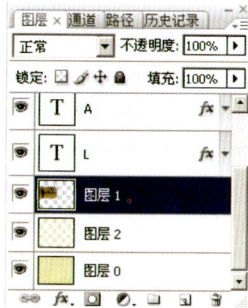

▲图 12-29

▲图 12-30

19 用"钢笔工具"建立路径。选择工具箱中的"钢笔工具"，画出一条"曲线"路径，再选择工具箱中的横排文字工具 T，在路径的起点双击鼠标，建立文字的路径。用"钢笔工具"画出路径后图像如图 12-31 所示，用文字工具双击路径后如图 12-32 所示。

▲图 12-31

▲图 12-32

20 输入文字。选择工具箱中的"横排文字工具"T，输入文字，将字体设置为"Benguiat BK BT"，为字体设置合适的大小进行输入。图像输入文字后的效果如图 12-33 所示。

21 给文字添加图层样式。单击图层面板底部的"添加图层样式"按钮 ，在弹出的"图层样式"对话框选择"投影"复选框，在"投影"对话框中设置数值，或用鼠标拖动滑块进行调节，然后单击"确定"按钮。"投影"对话框设置如图 12-34 所示，图像调整后的效果如图 12-35 所示。

▲ 图 12-33

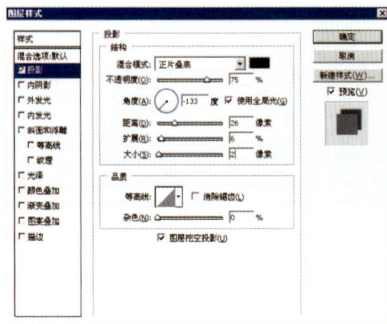
▲ 图 12-34

▲ 图 12-35

22 给文字继续添加图层样式。单击图层面板底部的"添加图层样式"按钮 ，在弹出的"图层样式"对话框选择"斜面和浮雕"效果，在"斜面和浮雕"对话框中设置数值，或用鼠标拖动滑块进行调节，然后单击"确定"按钮。"斜面和浮雕"对话框设置如图 12-36 所示，图像调整后的效果如图 12-37 所示。

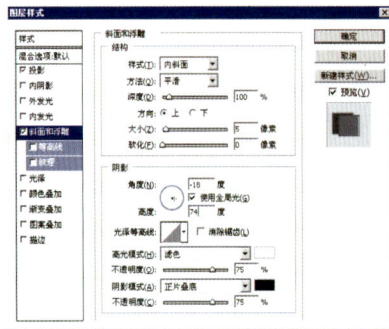
▲ 图 12-36

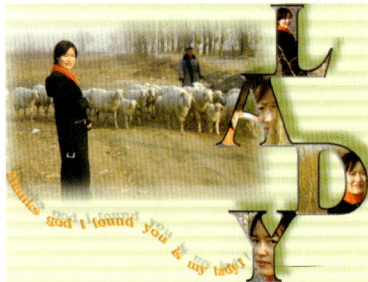
▲ 图 12-37

23 最终效果。图像经过了图层样式的调整后图层面板的顺序如图12-38所示，图像的最终效果如图12-39所示。

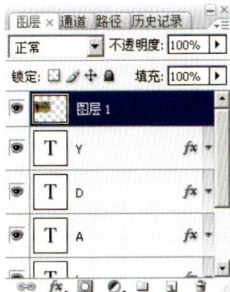

▲ 图 12-38　　　　　▲ 图 12-39

13 制作杂志封面效果

该杂志封面是将一张人物照片作为封面的主体，而在主体物之间添加文字来介绍杂志内容。

▲ 处理前 1　　　　　▲ 处理后

1 执行[文件/新建]命令，在弹出的"新建"对话框中，设置名称为"杂志效果"，宽度为"15"厘米，高度为"18.45"厘米，分辨率值为"300"像素/英寸，颜色模式为"RGB颜色，8位"，背景内容为白色的文件，设置完毕后单击"确定"按钮，如图13-1所示。按照指定的文件尺寸，新建一个"杂志效果"文件。

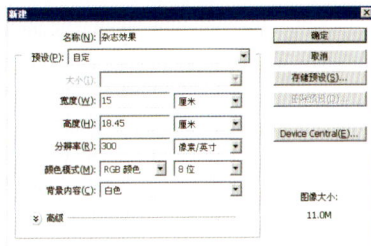

▲ 图 13-1

② 制作杂志的封面样式。执行[文件/打开]命令，在弹出的"打开"对话框中，选择一张杂志封面的电子文件，单击"确定"按钮，打开杂志素材，如图 13-2 所示。

③ 选择"封面样式"的操作窗口，在工具箱中选择"魔棒工具" ，将魔棒工具选项栏中的"容差"改为 50，单击杂志的"标志"部分，"魔棒工具"将一次选取颜色相近的区域，按住[Shift]键可以加选选区，按住[Alt]键减选选区，如图 13-3 所示。

▲图 13-2

▲图 13-3

④ 执行[编辑/拷贝]命令，复制选区。选择新建的文件，执行[编辑/粘贴]命令，将复制的"标志"粘贴到"杂志效果"文件中，如图 13-4 所示。

⑤ 调整复制的标志大小。执行[编辑/自由变换]命令，或按[Ctrl+T]键执行"自由变换"命令，按住[Shift]键调整选区的大小和位置，如图 13-5 所示。

▲图 13-4

▲图 13-5

6 拷贝杂志的元素。同上，将制作杂志的所有元素都拷贝过来，再根据杂志效果的需要调换文字的颜色，效果如图 13-6 所示。

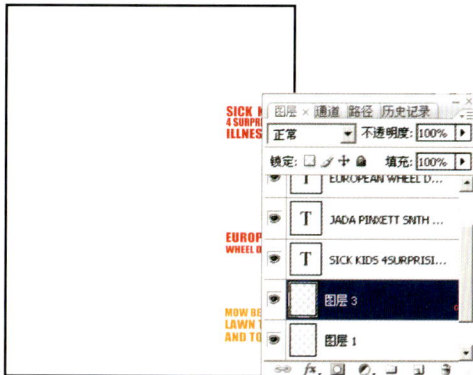

▲图 13-6

8 移动照片到新建文件。隐藏其他图层，选择工具箱中的"移动工具" ，直接将照片拖曳到"杂志效果"中，系统将自动新建图层，如图13-8所示。

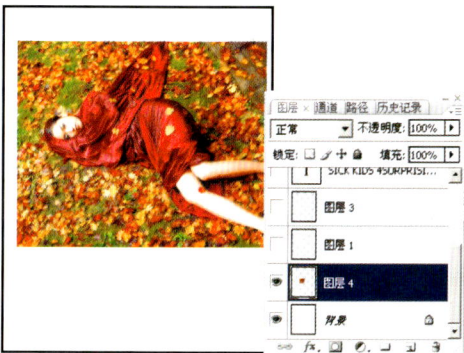

▲图 13-8

7 添加人物照片。执行[文件/打开]命令，从文件里选择一张照片，单击"打开"按钮，如图 13-7 所示。

▲图 13-7

9 调整照片大小。按[Ctrl+T]键并按住[Shift]键将图片成比例缩放，占满整张图像。根据照片的效果，旋转图像到合适位置，效果如图 13-9 所示。

▲图 13-9

10 修补缺少的部分。选择工具箱中的"仿制图章工具"，按住[Alt]键单击落叶的部分，再涂抹照片缺少的部分，将图像修改完整，效果如图 13-10 所示。

11 显示隐藏的图层。在图层面板中，单击隐藏图层前面的空白方格，将所有隐藏的图层显示出来，如图 13-11 所示。

▲图 13-10

▲图 13-11

12 显示隐藏图层后的文字颜色与背景有些冲突，要根据人物图片的主体颜色与标题文字进行搭配，调整后的效果如图 13-12 所示。

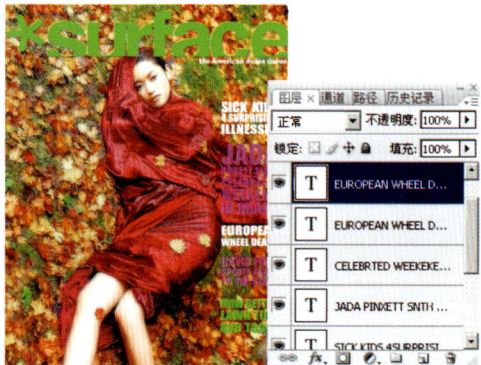

▲图 13-12

13 因为照片的原因，画面的左端显得较空，使用工具箱中的"横排文字工具"**T**，在文字工具选项栏中单击"切换字符和段落调板"按钮，并在弹出的"字符"面板中设置字体、字号、样式以及颜色，在画面空洞的部分添加标题性的文字，丰富画面，如图 13-13 所示。

14 另外，还可以在文件中添加与原杂志封面不同的效果。在杂志的左下方添加条形码，这样，添加后的效果就会更加逼真，最终效果如图 13-14 所示。

▲ 图 13-13

▲ 图 13-14

14 制作个人主页的技法

在网站上，个人主页很少见，本例就讲解怎样制作自己的个人主页，将自己生活中所拍的照片进行去背景，再新建主页的界面，移至人物到主页界面中，再在界面中添加相应的信息即可。

▲ 处理前

▲ 处理后

1 新建文件。执行[文件/新建]命令，在弹出的"新建"对话框中，设置名称为"制作个性主页"，宽度为"191"毫米，高度为"266"毫米，分辨率为"300"像素/英寸，颜色模式为"RGB颜色，8位"，背景内容为"白色"的文件，然后单击"确定"按钮，如图14-1所示。

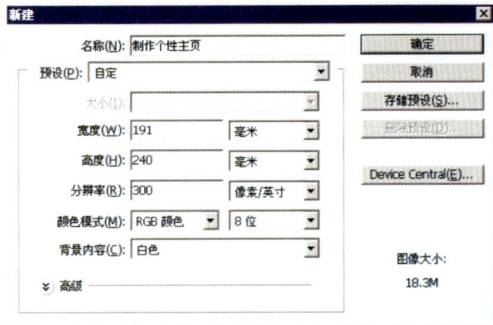

▲ 图14-1

2 新建"图层1"。在图层面板中，单击图层面板下方的"创建新图层"按钮 ，新建"图层1"。将前景色设置为（R:199 G:166 B:248），按[Alt+Delete]键填充前景色，得到的效果如图14-2所示。

3 新建"图层2"。在图层面板中，单击图层面板下方的"创建新图层"按钮 ，新建"图层2"。选择工具箱中的"钢笔工具" ，在图像中绘制一条如图14-3所示的路径。

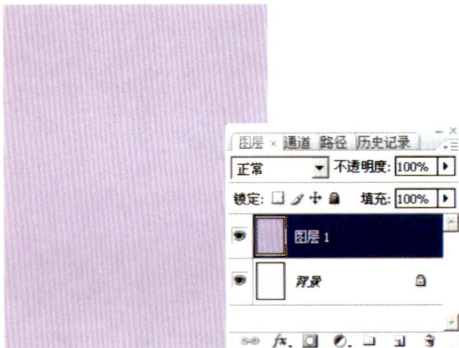

▲ 图14-2

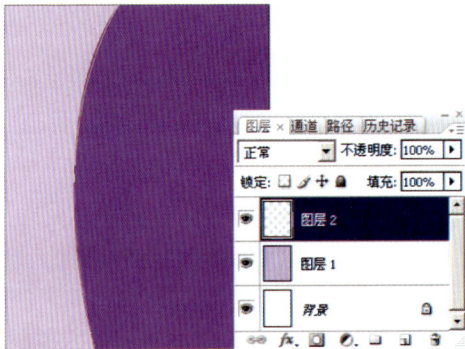

▲ 图14-3

4 将路径转化为选区。绘制完路径后，再按[Ctrl+Enter]键将该路径转换为选区，得到的效果如图14-4所示。

5 填充选区。单击工具箱中的"前景色"图标，在弹出的"拾色器"对话框中，如图14-5所示进行设置。单击"确定"按钮后，按[Alt+Delete]键填充前景色，再按[Ctrl+D]键取消选区。

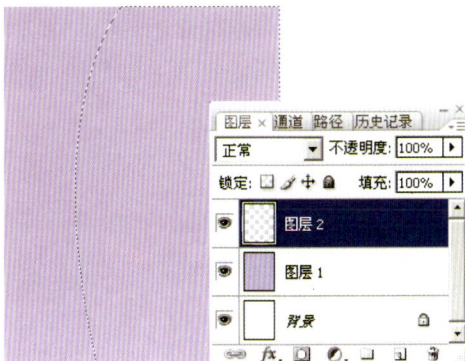

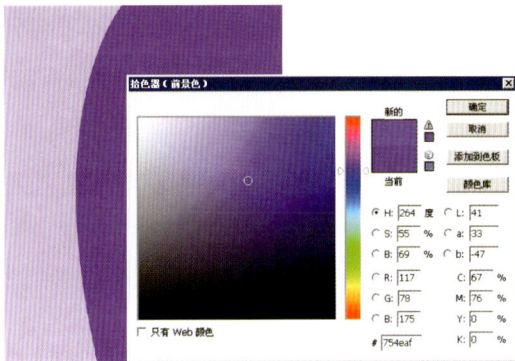

6 添加"投影"样式。选择"图层2",单击图层面板下方的"添加图层样式"按钮 ⚫,在弹出的菜单中选择"投影"样式,如图14-6所示,在弹出的"图层样式"对话框中进行具体参数设置。然后单击"确定"按钮。

7 打开素材文件。执行[文件/打开]命令,在弹出的"打开"对话框中,选择一张人物的图像,单击"确定"按钮,打开人物素材,如图14-7所示。

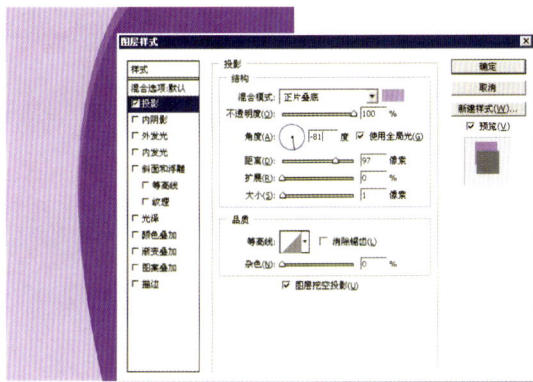

8 调出人物选区。单击工具箱中的"以快速蒙版模式编辑"按钮 ⬜，选择工具箱中的"画笔工具" ✏，在工具选项栏中设置硬度为 100% 的尖角笔刷，调整合适的大小，在图像中的人物上涂抹，绘制的部分为半透明的红色，如图 14-8 所示。

▲ 图 14-8

9 羽化选区。单击"以标准模式编辑"按钮 ⬜，人物的背景自然地变为了选区。执行[选择/羽化]命令，在弹出的"羽化选区"对话框中，设置羽化半径为 2 像素，效果如图 14-9 所示。

▲ 图 14-9

10 删除背景图像。双击"背景"图层，将"背景"图层重命名为"图层 0"。然后按[Delete]键删除背景图像，再按[Ctrl+D]键取消选区，删除背景后的效果如图 14-10 所示。

▲ 图 14-10

11 移动人物到个人主页。选择工具箱中的"移动工具" ▶₊，将删除背景后的人物图像直接移到个人主页上，系统将自动新建"图层 3"，如图 14-11 所示。

▲ 图 14-11

12 执行[编辑/自由变换]命令,按住[Shift]键成比例缩放人物图像的大小,并移到合适的位置,得到的效果如图 14-12 所示。

13 打开人物素材文件。执行[文件/打开]命令,在弹出的"打开"对话框中,选择文件中的"人物 1",单击"确定"按钮,打开人物素材,如图 14-13 所示。

▲ 图 14-12

▲ 图 14-13

14 移动"人物 1"到个人主页。选择工具箱中的"椭圆选框工具" ,按住[Shift]键绘制一个正圆选区,再选择工具箱中的"移动工具" ,将选区中的图像直接移到个人主页上,系统将自动新建"图层 4",效果如图 14-14 所示。

▲ 图 14-14

15 调整图像大小。执行[编辑/自由变换]命令,按住[Shift]键成比例缩放人物图像的大小并移到合适的 位置,得到的效果如图 14-15 所示。

16 对图像添加"投影"样式。选择"图层4",单击图层面板下方的"添加图层样式"按钮📀,选择"投影"样式,在弹出的"图层样式"对话框中,如图 14-16 所示进行具体参数设置。

▲图 14-15

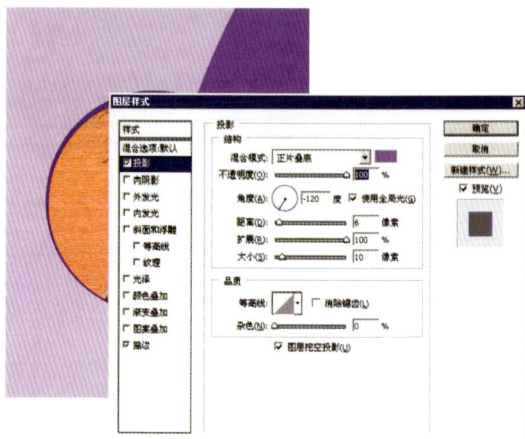
▲图 14-16

17 再对图像添加"描边"样式。设置好"投影"样式后,在对话框的左侧选择"描边"复选框,如图 14-17 所示在"图层样式"对话框中进行具体的参数设置。

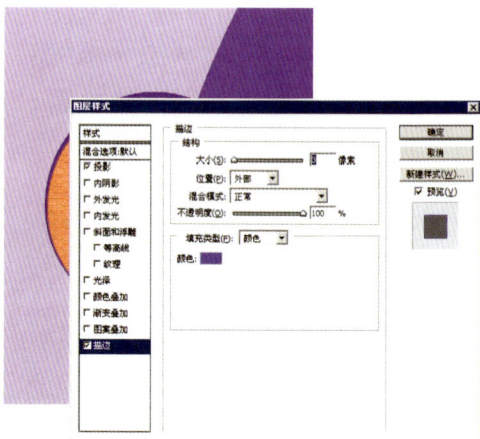
▲图 14-17

18 打开人物素材文件。执行[文件/打开]命令,在弹出的"打开"对话框中,选择文件中的"人物1",单击"确定"按钮,打开人物素材,如图 14-18 所示。

19 移动"人物1"到个人主页。选择工具箱中的"椭圆选框工具" ,按住[Shift]键绘制一个正圆选区,得到的效果如图 14-19 所示。

20 选择工具箱中的"移动工具" ,将选区中的图像直接移动到个人主页上,系统将自动新建"图层5"。同上,按[Ctrl+T]键缩放图像大小并移动到合适的位置,并对图像添加同样的图层样式,效果如图 14-20 所示。

21 打开其他素材图像。执行[文件/打开]命令,在弹出的"打开"对话框中选择其他两张人物照片。同上,将其制作成同样的效果,并添加同样的图层样式,得到的效果如图 14-21 所示。

22 打开数码纹理。执行[文件/打开]命令，在弹出的"打开"对话框中，选择文件中的"数码图案"，单击"确定"按钮，打开素材，如图14-22所示。

▲图14-21

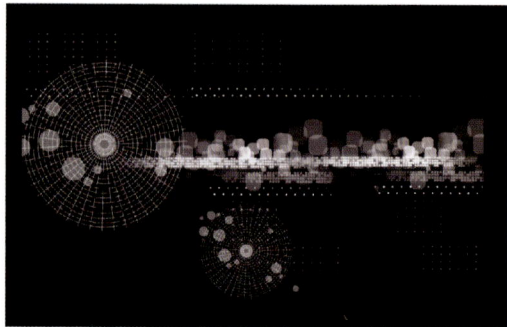
▲图14-22

23 移动"数码图案"到个人主页上。在图层面板中，选择"图层2"，使用工具箱中的"移动工具"将"数码纹理"移动到个人主页上，系统将自动新建"图层8"。调整图像大小。执行[编辑/自由变换]命令，按住[Shift]键成比例缩放图像的大小并移动到合适位置，得到的效果如图14-23所示。

▲图14-23

24 调整图层的位置。在图层面板中，选择数码纹理所在的图层，将此图层拖曳到人物图层的下方，作为背景，调整图层位置后的效果如图14-24所示。

25 绘制圆形。单击图层面板中的"创建新图层"按钮，新建"图层9"。设置"前景色"为白色，选择工具箱中的"椭圆选框工具"，按住[Shift]键绘制正圆选区，按[Alt+Delete]键填充前景色，如图14-25所示。

▲图 14-24

▲图 14-25

26 复制图层。选择"图层9",将此图层拖曳到
"创建新图层"按钮 上,复制"图层9副本"图层。
按[Ctrl+T]键执行"自由变换"命令,按住[Shift+Alt]
键成比例缩小复制图层的圆形,再按[Enter]键确认
变换,效果如图 14-26 所示。

▲图 14-26

27 制作圆环。按住[Ctrl]键单击"图层9副本"图层,调出其选区,再选择"图层9",按[Delete]键删
除选区中的图像,按[Ctrl+D]键取消选区。选择"图层9副本",将此图层拖曳到"删除图层"按钮上,得
到的效果如图 14-27 所示。

28 多次复制图层并进行变换。选择"图层9",复制"图层9副本"层。按[Ctrl+T]键执行自由变换命令,
按住[Shift]键成比例缩小复制的圆环,将图像制作成如图 14-28 所示的效果,并将圆环图层合并。

29 更改圆环图层的图层混合模式。在图层面板中选择"图层9"，将圆环图层的图层混合模式设置为"柔光"，得到的效果如图 14-29 所示。

30 绘制一个矩形方框。单击图层面板中的"创建新图层"按钮，新建"图层10"。设置前景色为白色，选择工具箱中的"矩形选框工具"，按住[Shift]键绘制正圆选区，按[Alt+Delete]键填充前景色，效果如图 14-30 所示。

31 同制作圆环一样。选择"图层10"，将此图层拖拽到创建新的图层按钮上，复制"图层10副本"。按[Ctrl+T]键执行"自由变换"命令，按住[Shift+Alt]键成比例缩小复制图层的矩形，再按[Enter]键确认变换，效果如图 14-31 所示。

32 按住[Ctrl]键单击"图层10副本",调出其选区,再选择"图层10",按[Delete]键删除选区中的图像,再按[Ctrl+D]键取消选区。然后删除"图层10副本"层,效果如图14-32所示。添加文字。选择工具箱中的"横排文字工具"T,在图像上单击,输入"个人"后按[Enter]键,再输入"主页"两字。选择工具箱中的"移动工具"►+,将输入好的文字直接移到矩形框中对齐,最终效果如图14-33所示。